博碩文化

博碩文化

前端升級了該怎麼點？推薦 Browser Web API 點好點滿

Browser Web API 攻略大全

從開箱即用的實作範例開始，
逐步掌握開發技巧

吳姿穎（Muki Wu） 著

前端開發者的工具參考書

輕鬆掌握 Browser Web API 的每個細節

2024 iThome 鐵人賽 冠軍

實戰專案範例	圖解串接流程	主流兼容對策	開發最佳實務
從拆解需求到做出可執行的完整作品	圖解教學一看就懂新手也能輕鬆上手	搞定瀏覽器兼容跨平台體驗一致	傳授開發最佳實踐高效避坑不踩雷

iThome 鐵人賽

作　　者：吳姿穎（Muki Wu）
責任編輯：黃俊傑

董 事 長：曾梓翔
總 編 輯：陳錦輝

出　　版：博碩文化股份有限公司
地　　址：221 新北市汐止區新台五路一段 112 號 10 樓 A 棟
　　　　　電話 (02) 2696-2869　傳真 (02) 2696-2867

發　　行：博碩文化股份有限公司
郵撥帳號：17484299　戶名：博碩文化股份有限公司
博碩網站：http://www.drmaster.com.tw
讀者服務信箱：dr26962869@gmail.com
訂購服務專線：(02) 2696-2869 分機 238、519
（週一至週五 09:30 ～ 12:00；13:30 ～ 17:00）

版　　次：2025 年 9 月初版一刷

博碩書號：MP22529
建議零售價：新台幣 650 元
ＩＳＢＮ：978-626-414-285-4
律師顧問：鳴權法律事務所 陳曉鳴律師

本書如有破損或裝訂錯誤，請寄回本公司更換

國家圖書館出版品預行編目資料

Browser Web API 攻略大全：從開箱即用的
實作範例開始，逐步掌握開發技巧 / 吳姿
穎 (Muki Wu) 著 . -- 初版 . -- 新北市：博碩
文化股份有限公司, 2025.09
　　面；　公分 . -- (iThome鐵人賽系列書)

ISBN 978-626-414-285-4(平裝)

1.CST: 網頁設計 2.CST: 電腦程式設計

312.1695　　　　　　　　　　　　114010888

Printed in Taiwan

歡迎團體訂購，另有優惠，請洽服務專線
博 碩 粉 絲 團　(02) 2696-2869 分機 238、519

商標聲明

本書中所引用之商標、產品名稱分屬各公司所有，本書引用
純屬介紹之用，並無任何侵害之意。

有限擔保責任聲明

雖然作者與出版社已全力編輯與製作本書，唯不擔保本書及
其所附媒體無任何瑕疵；亦不為使用本書而引起之衍生利益
損失或意外損毀之損失擔保責任。即使本公司先前已被告知
前述損毀之發生。本公司依本書所負之責任，僅限於台端對
本書所付之實際價款。

著作權聲明

本書著作權為作者所有，並受國際著作權法保護，未經授權
任意拷貝、引用、翻印，均屬違法。

推薦序

身為寫了二十幾年網站的全端攻城獅，對前端只在略懂層次，相關技能只求夠用就好。前端可分為 HTML、JavaScript 與 CSS，前二者與程式較相關，學得還多一點，CSS 對我根本魔法，知識既多且雜。過去爬文查 CSS 用法常靠 MUKI 的部落格文章解惑，是我心中的 CSS 與 HTML 網頁設計達人。這幾年 MUKI 也跨進前端程式設計領域，對我來說多了一個學習前端程式設計的好來源。

開發知識無窮無盡，遇見需求再學，踩到問題再查，是多數開發人員的習慣，我也不例外。但想養成紮實的技術能力，從頭開始完整學習是永遠無法省略的歷程。在前端程式知識中，Browser Web API 便是每天都會用到，卻很少有人會投注心力研究的典型。當遇到相關需求，要不爬文或叫 LLM 生出程式碼，求一個能動就好；再不則是用靠過去慣用做法，拼湊組裝完成任務。在此過程我們可能遺漏某些細節，導致網頁在特定情境出包；或是明明瀏覽器有更簡潔且高效率的 API 可輕鬆秒殺，我們卻仍在土法鍊鋼設法拼湊相似效果。

這本 Browser Web API 攻略大全，算是對當代瀏覽器 API 做了一次巡禮，即便已累積多年前端實戰經驗，對瀏覽器能做什麼已有概念，閱讀過程仍時有驚喜。像是我驚訝地發現：瀏覽器居然內建持續追蹤使用者 GPS 位置的功能、可以用子母畫面播影片、能錄製並分享螢幕畫面、監聽某個 DOM 元素是否被更動，有沒有進入可視範圍……，刷新我對當代瀏覽器能力的認知。

另外，像是 Web Worker、Service Worker、Notification API、File API、AES/RSA 加解密 API……，則常應用於網站進階開發。這類知識已非屬「遇到再查就好」，建構規劃網站的當下，腦中有沒有這些武器，會是善用瀏覽器內建功能巧妙解決或動用一堆程式庫或服務搞合成獸的差別。

推薦序

這本書除了當成工具參考書需要時查找，也適合完整讀一遍拓展知識疆界，以免浪費當代瀏覽器的強大威力，有助於我們打造更好的網頁使用體驗。

黑暗執行緒

部落格：https://blog.darkthread.net

推薦序

大家好，我是奶綠茶。

身為一個從 Web 1.0 在前端江湖打滾多年的老司機，我總是被問：「奶綠老師，請問下一個該學什麼框架？」

我們總在追逐最新的玩具，深怕一不小心就被後浪拍在沙灘上。

但我們常常忘了，最強大的武功祕笈，其實一直都在我們手邊，那就是瀏覽器 Browser Web API 本身。

看到 MUKI 這本《Browser Web API 攻略大全》，心中有滿滿的感動。

記得當年用 jQuery 一把梭的日子，套件滿天飛的時代，那時候最大的煩惱就是「jQuery 的原理是什麼？」當時只能蝦亂寫、蝦亂改，完全搞不懂真正背後的的運作原理。

現在前端的世界已經完全不一樣了，React、Vue、Angular 三分天下，但對於剛入門的新手來說，這反而成了另一種困擾，到底該學哪一套？

而 MUKI 的這本書給了一個很好的答案：先搞懂技術的本質，框架只是工具。

框架來來去去，但瀏覽器的核心 API 才是前端工程師的硬底子。當你不再只是一個「框架的 API 呼叫工程師」，而是能靈活運用瀏覽器原生力量的開發者時，不論未來出現什麼新玩具，你都能快速上手。

如果你厭倦了追逐框架的輪迴，想找回寫程式最純粹的樂趣，這本書不僅涵蓋了最新的 Web API，還深入淺出地介紹了各種前端技術的本質。對於那些想要真正理解前端開發的朋友來說，這本書無疑是一本寶藏級的指南。

推薦序

這本書最大的價值在於：

1. 不只教你怎麼用，更教你為什麼——很多人學習前端技術只是停留在表面，MUKI 會告訴你背後的原理。

2. 輕鬆但不隨便——書中的語言通俗易懂，讓你在輕鬆閱讀的同時，吸收大量的知識。每一個概念都經過精心設計，讓你不會感到枯燥。

3. 與時俱進的內容——從最新的 ES6 到各種 Web API，這本書涵蓋了你需要知道的一切。無論你是新手還是老手，都能從中獲得啟發。

如果你是：

1. 想要真正理解 Browser 前端技術而不是只會套用的人

2. 已經會 Vue / React，想知道瀏覽器內建的 Web API 的人

3. 覺得「老子學不動了」但還是想跟上時代的人

那這本書就是為你而寫的。

以奶綠自身的經驗，沒有一輩子的技術，永遠都會有新玩具的推出，最重要的是技術本質的觀念。

借用一下 Star Wars 星際大戰經典台詞，調整一下適合這本書的概念：
May the 'Native' be with you（願原生 Web API 與你同在）。

奶綠茶

一個從 Flash 時代活到 AI 時代的前端工程師

部落格：https://milkmidi.medium.com/

推薦序

在開發工作中，瀏覽器是我們最熟悉卻也最容易忽略的工具。JavaScript、CSS、各式前端框架與效能優化，每個議題都重要，但這本書提醒了我們：其實瀏覽器本身就內建了一套豐富強大的 API，等待我們挖掘與善用。

這本書從 Geolocation API 到 WebSocket、從 Fullscreen 到 Web Workers，再到語音識別、背景執行、通知推播，每個章節都圍繞著一個明確的應用場景與實務範例，用最貼近開發者日常的語言，帶領讀者一步步拆解原理、理解限制、實作功能。讀完之後，你不只學會「怎麼做」，還會更清楚「為什麼這樣做」更好。

我特別欣賞 MUKI 在每個 API 章節中設計的範例，兼顧簡潔與實用，不會流於複雜的「炫技」，也不會只是文件翻譯。這樣的風格，讓人讀來輕鬆，卻又收穫滿滿。

Web API 一直是前端開發中的「盲點」之一。這本書的出現，補上了這塊被忽略已久的拼圖。如果你是剛踏入前端領域的開發者，它是你探索瀏覽器能力的最佳入門；如果你已經有一定經驗，這本書會幫你重構理解與思維，甚至激發你在互動應用上的靈感。

誠摯推薦給每一位對網頁開發充滿熱情的朋友。這本書值得放在你的書桌上，常常翻閱。

Will 保哥

2025/7/30

多奇數位創意 技術總監
Google Developer Expert
Microsoft MVP/RD

部落格：https://blog.miniasp.com/
臉書專頁：https://www.facebook.com/will.fans/

作者序

當我們在討論前端開發時，通常是指 HTML、CSS、JavaScript，或是 React、Vue 等現代框架。卻很少真正提到那些瀏覽器內建的、與系統或裝置緊密連動的 Browser Web API。

Browser Web API 是一個被低估的寶庫，我們可能每天都在使用這些 Browser Web API 而不自知，因此我希望透過這本書，介紹這些看似日常卻極具潛力的 API。

本書分為多個主題部分，包含常見的裝置操作、定位、媒體控制、檔案處理，以及一些你可能聽過但尚未實際運用過的瀏覽器 API。每一章節會帶大家認識它們的用法，也會透過實際的範例與逐步拆解等方式，確保各位在理解原理的同時，能真正應用在自己的專案上。

無論是剛起步的前端工程師，還是希望加強技術深度的開發者，我希望這本書都能成為你工具書中的一份子，成為你在開發中一本值得回頭翻閱的參考書。我更希望這本書能讓你少走些彎路，也許也能喚起你對「瀏覽器到底能做到什麼」的想像力。如果有一天，你寫出了一段程式，並能回頭理解它的原理與限制，進而找到屬於你自己的應用創意，那麼這本書的使命就圓滿達成了。

讓我們一起打開瀏覽器，從 Browser Web API 開始，重新認識網頁的無限可能。

如果你對這本書有任何的想法或問題，歡迎與我交流分享，以下是可以聯絡到我的管道，我都會即時回覆：

部落格：https://muki.tw
粉絲團：請搜尋 MUKI SPACE
電子郵件：mukispace@gmail.com

作者序

這本書，是在無數深夜、孩子入睡後的片刻寧靜中，一頁一頁寫下來的。

謝謝你願意打開它並閱讀，也謝謝你成為這段旅程的一部分。

MUKI

於 2025.06.11

目錄

PART 1 認識 Browser Web API 與資料查詢

CHAPTER 01 什麼是 Web API？
深入理解 Web API 002
常見問題 004
本章回顧 005

CHAPTER 02 查閱與使用 Browser Web API 的必備知識
如何有效查閱 Browser Web API 官方文件？ 006
如何判斷瀏覽器支援情況與相容性 008
常見問題 010
本章回顧 011

CHAPTER 03 Browser Web API 索引與功能整理
Browser Web API 分類與簡介（從 A 到 X）..................012
本章回顧 024

PART 2 網站定位與路線追蹤應用

CHAPTER 04 用 Geolocation API 取得與追蹤使用者地理位置
Geolocation API 的核心功能......................................027
檢查瀏覽器是否支援 Geolocation API.........................027

使用 getCurrentPosition() 取得當前位置 028

出現錯誤訊息：Only request geolocation information in response to a user gesture..030

拒絕權限後該如何重新啟用 032

在地圖上顯示使用者所在位置 032

使用 watchPosition() 追蹤使用者的地理位置 035

模擬移動功能 038

常見問題 040

小結 040

本章回顧 041

CHAPTER 05　用 Geolocation API 和 Leaflet Routing Machine 實作叫車服務功能

從位置追蹤到路線導航的完整流程 042

用 Leaflet 與 Routing Machine 建構叫車服務 043

開始模擬：模擬司機移動的過程 048

停止模擬 050

範例畫面 050

常見問題 052

小結 052

本章回顧 053

PART 3 裝置功能與媒體應用實作

CHAPTER 06　使用 \<audio\> 打造音樂播放器

嵌入音訊檔案 057
客製化播放器 057
用 CSS 調整滑桿樣式 061
建立音樂播放控制功能 063
實作小技巧 067
常見問題 067
小結 068
本章回顧 068

CHAPTER 07　用 \<video\> 實作影音播放功能

Video 標籤的基本功能 069
顯示影片字幕 070
自訂子母畫面 076
處理影片緩衝與播放狀態 077
根據時間點加入互動提示 078
影片播放完畢後觸發其它動作 080
常見問題 080
小結 081
本章回顧 081

CHAPTER 08　使用 Screen Capture API 取得你的螢幕畫面

擷取螢幕畫面 083

擷取聲音 085

偵測分享狀態 086

怎麼手動停止分享？ 086

常見問題 088

小結 089

本章回顧 089

PART 4　網頁介面操作與互動

CHAPTER 09　用 Drag and Drop API 拖曳網頁元素

Drag and Drop API 介紹 092

如何實現拖放功能？ 093

Drag 拖放事件 095

Drag 運用範例 096

常見問題 100

小結 101

本章回顧 101

CHAPTER 10　認識 History API：SPA 的關鍵技術之一

History API 做了什麼？ 102

如何操作瀏覽器的歷史紀錄 103

實作 SPA 的頁面切換效果 104

非同步載入內容與深度連結應用 107

常見問題 112
小結 112
本章回顧 113

CHAPTER 11　探索 Fullscreen API：從基礎到應用場景

請求和退出全螢幕模式 114
處理全螢幕狀態變化 115
在全螢幕模式調整樣式 116
單個元素或整頁變成全螢幕 118
替代方案 121
常見問題 121
小結 121
本章回顧 122

PART 5　觀察與監控 DOM 的變化

CHAPTER 12　如何使用 MutationObserver API 追蹤 DOM 的變化

如何使用 Mutation Observer 監聽 DOM 變動 124
MutationObserver API 基本範例 127
監控要動態載入的畫面 131
動態更新 UI 132
常見問題 136
小結 136
本章回顧 136

CHAPTER 13 深入了解 Intersection Observer API 及其應用

為什麼需要 Intersection Observer？ 137

Intersection Observer 的基本語法 138

Options 屬性 138

監聽目標元素 140

根據使用者瀏覽行為，觸發互動提示 142

根據滑動的頁面修改選單顏色 144

延遲載入 JavaScript 147

常見問題 148

小結 149

本章回顧 149

PART 6 語音、聊天與 AI 互動

CHAPTER 14 使用 Web Speech API 讓網頁聽得懂我們說的話

做一個基本的語音識別功能 152

持續監聽使用者的語音輸入 154

監聽語音輸入的更多事件 156

實作語音搜尋系統 158

常見問題 162

小結 162

本章回顧 162

目錄

CHAPTER 15 使用 Web Speech API 讓網頁開口說話

基本用法介紹 163
SpeechSynthesisUtterance 屬性介紹 164
SpeechSynthesisUtterance 事件介紹 167
實作動態語音選擇器 168
更自然的語音效果 171
常見問題 173
小結 173
本章回顧 173

CHAPTER 16 用 Web Speech API 與你的 AI 朋友互動聊天

實作一個 AI 聊天好友 174
實現上下文記憶 179
將 AI 回應轉為語音播放 181
常見問題 182
小結 182
本章回顧 183

PART 7 通知功能與後台推播應用

CHAPTER 17 使用 Web Notifications API 幫網站加入通知功能

Web Notifications API 介紹 186
請求通知權限 187
建立與顯示通知 188

xiv

使用者與通知的互動	190
使用 Web Notifications API 要注意的事	191
搭配 Permissions API 進行權限管理	191
常見問題	192
小結	192
本章回顧	193

CHAPTER 18　Web Notifications API 搭配 Service Workers 發送通知

什麼是 Service Workers？	194
如何使用 Service Workers 發送通知	195
使用開發者工具模擬推播	197
使用 Push Companion 測試背景推播	198
常見問題	202
小結	203
本章回顧	203

CHAPTER 19　Web Notifications API 結合 Google Cloud 的應用

Google Cloud 在通知系統中的角色	204
在 Google Cloud 建立專案	204
在 Firebase 建立 Messaging 服務	205
使用 Firebase Console 發送測試訊息	215
發送或排程通知	218
常見問題	220
小結	220
本章回顧	221

PART 8 網站效能與背景執行緒應用

CHAPTER 20　使用 Web Workers API 走出自己的路

Web Workers 的類型與使用情境 224
常見問題 230
小結 230
本章回顧 231

CHAPTER 21　Web Workers API 的限制與效能優化處理

Web Workers 的限制 232
必須同源才能通訊 234
支援部分 JavaScript API 235
效能優化建議 236
什麼時候適合使用 Web Worker？ 239
常見問題 243
小結 243
本章回顧 243

CHAPTER 22　管理 Web Worker 的生命週期與資源

重用 Web Worker，避免浪費資源 244
使用 terminate() 方法關閉不再需要的 Worker 245
建立 Worker Pool，有效管理 Worker 資源 246
替每個 Worker 指定名稱，以便於除錯或管理 248
使用效率較高的數據結構 254
JSON 與 ArrayBuffer 的差別 256

常見問題	256
小結	257
本章回顧	257

PART 9　檔案處理與本地端資料庫管理

CHAPTER 23　File API 的架構與應用

File API 的構造	260
取得檔案資訊：File / FileList	261
讀取檔案內容：FileReader	262
Blob：建立自訂檔案資料	268
拖放與檔案預覽	272
常見問題	274
小結	275
本章回顧	275

CHAPTER 24　另一種儲存資料的方式：IndexedDB API

IndexedDB API 的特性與使用場景	276
在瀏覽器檢視 IndexedDB 資料	277
IndexedDB 的資料庫架構與核心概念	278
建立與初始化資料庫	280
IndexedDB 的 Transaction 機制	281
IndexedDB CRUD 操作實作	283
常見問題	289
小結	290
本章回顧	290

PART 10 安全與即時通訊

CHAPTER 25　使用 Web Cryptography API 提高網頁應用的安全性

對稱式與非對稱式加密介紹 292

試著生成一組密鑰 294

使用 AES-GCM 加密與解密資料 296

使用 RSA 加密與解密資料 299

常見問題 301

小結 301

本章回顧 301

CHAPTER 26　使用 Google Cloud Run 架設 WebSocket Server

自己架設 WebSocket Server 的原因 302

在本地端啟動 WebSocket Server 並進行測試 306

建立 Google Cloud Run 專案 308

WebSocket 連線的困難點 311

主動檢查 WebSocket 的連線狀態 312

常見問題 314

小結 314

本章回顧 315

PART 11　Browser Web API 組合技

CHAPTER 27　用 WebSocket API 和 Canvas API 實作多人白板服務

使用到的 Browser Web API 318
架構設計 318
使用 Node.js + Fastify + ws 模組進行 WebSocket 通訊....319
使用 Canvas 即時取得筆畫資訊.................................321
分配不同顏色的畫筆...325
顯示線上人數..328
常見問題..331
小結 332
本章回顧..332

CHAPTER 28　結合 File API 與 Web Speech API 製作文件閱讀器

使用到的 Browser Web API 333
使用 Page Visibility API 判斷當前頁面的可見性狀態......334
文件閱讀器 335
建立變數 336
常見問題..342
本章回顧..343

CHAPTER 29 製作情緒追蹤器，以更好地理解自己

使用到的 Browser Web API 344
打造自己的情緒追蹤器 345
建立 IndexedDB 資料庫結構 346
網頁載入時初始化並顯示紀錄 347
取得使用者當前位置 348
讀取使用者上傳的檔案 349
儲存一筆新紀錄 350
顯示所有紀錄 351
常見問題 353
本章回顧 354

APPENDIX 附錄

APPENDIX A　Browser Web API 的比較與選用建議

儲存資料 356
檔案上傳 356
通訊 357
擷取裝置的影像或聲音 357
語音互動 358

APPENDIX B　值得注意與追蹤的實驗性 Browser Web API

File System Access API 360
EyeDropper API 360
Compute Pressure API 361
HTML Sanitizer API 362

PART

1

認識 Browser Web API 與資料查詢

了解 Browser Web API 的概念、查詢方式與常見分類,為後續實作打下完整基礎

本篇學習目標

Chapter 01　什麼是 Web API？

Chapter 02　查閱與使用 Browser Web API 的必備知識

Chapter 03　Browser Web API 索引與功能整理

PART 1　認識 Browser Web API 與資料查詢

Chapter 01　什麼是 Web API？

> 一分鐘概覽

Web API（Web Application Programming Interface，網頁應用程式介面）是一組通過標準網路協定提供的程式接口，讓不同的軟體系統可以彼此溝通和協作。透過 Web API，開發者可以從外部資源取得資料或進行特定操作，而不需直接存取該資源內部的實作細節。

深入理解 Web API

Web API 通常以 HTTP 為基礎，透過請求與回應的機制運作。當使用者透過瀏覽器或應用程式提出請求後，伺服器便根據請求內容回傳資料。這種機制簡化了資料取得與互動的過程。

廣義來看，Web API 包含許多不同的類型，本書則會專注於瀏覽器內建的 Web API，後續章節會用 Browser Web API 稱呼之。

瀏覽器內建的 Web API，又稱為 Browser Web API，內建在現代瀏覽器中，讓網頁應用程式能夠與瀏覽器互動，存取各種裝置功能和資料。我們透過這些 API，不用額外安裝任何套件，就能在網頁上實現各種互動效果。

☐ 瀏覽器內建 Web API 與伺服器端 API 的差別

那麼，我們在開發中常見的伺服器端 API（如 RESTful API、GraphQL），和瀏覽器內建的 API 有什麼差別呢？

■ 瀏覽器內建 Web API 與伺服器端 API 的差別

比較項目	瀏覽器內建 Web API（Browser APIs）	伺服器端 API（Server-side APIs）
技術定位	前端技術，屬於 Client-side APIs	後端技術，屬於 Server-side APIs
提供來源	瀏覽器原生提供，由瀏覽器引擎實作	由伺服器端應用程式提供，須部署於網路伺服器上
存取機制	JavaScript 直接存取瀏覽器提供的物件和方法	透過 HTTP 協定進行網路請求與回應
溝通方式	透過函式或方法呼叫	基於 HTTP 請求的非同步模式
資料傳輸格式	JavaScript 原生物件、基本型別，無需序列化	常見序列化格式如 JSON、XML
用途與功能	操控瀏覽器功能與使用者裝置資源（如位置、媒體、儲存）	存取後端資源、資料庫內容、第三方服務資訊
安全性與隱私	受到同源政策（Same-Origin Policy）與使用者授權限制	透過認證、授權機制（如 OAuth、JWT）控管存取權限
跨平台性	依據瀏覽器支援程度有不同細節差異	通常取決於伺服器端應用程式與 API 設計，與瀏覽器無關

❏ 常見的 Browser Web API 類型

瀏覽器內建 API 根據用途，可大致分類為以下幾種：

1. **DOM 操作與事件處理**：如 `document.querySelector()`、`element.addEventListener()` 等，能操作 HTML 元素和處理事件。

2. **多媒體相關**：Audio API、Video API，可控制音訊與影片的播放、暫停、音量調整及字幕處理。

3. **裝置與感測器存取**：如 Geolocation API、Device Orientation API 等，提供位置或裝置資訊給網頁應用程式。

4. **儲存與快取**：Local Storage、Session Storage、IndexedDB，用來存儲本地端資料。
5. **通訊與即時互動**：WebSocket API 能建立即時通訊連線。
6. **效能監控與優化**：可用 Performance API 提供網站效能數據分析。

認識這些 Browser Web API，我們就能清楚知道它們的功能，以及如何在瀏覽器中發揮作用，做出更具互動性的網站。

❑ 需隨時注意瀏覽器支援等資訊

隨著 Web 技術快速發展，有些 API 可能因隱私疑慮或效能問題而被逐步淘汰。例如 Battery Status API 因隱私疑慮逐漸遭到淘汰，所以使用 Browser Web API 時，要特別注意瀏覽器的相容性以及要不斷注意技術的發展，才能確保使用的 API 是安全且穩定的。

常見問題

Q 瀏覽器內建的 Web API 和伺服器端 API 最大的差異在哪？

A 瀏覽器內建的 Web API 直接內建於瀏覽器環境中，前端開發者可透過 JavaScript 直接存取並操作瀏覽器提供的功能，如 DOM 操作、位置存取、多媒體控制等。而伺服器端 API 則部署於伺服器上，前端需透過 HTTP 請求存取資料或資源，例如存取資料庫資訊或第三方服務資料。簡單來說，瀏覽器內建 API 是直接操作使用者端環境的功能，而伺服器端 API 則是用來存取後端的資料資源。

Q 是否所有瀏覽器皆支援 Web API？

A 大部分主流瀏覽器皆支援主要的 Web API，但支援程度可能因瀏覽器版本或廠商差異而不同，我們在使用前，記得要透過 MDN Web Docs 查詢 API 的支援狀態，以確保相容性。

Q Browser Web API 有安全性的考量嗎？

A 有的，它們通常都受到同源政策（Same-Origin Policy）的保護，且許多功能都需經由使用者明確授權才能存取，例如使用者的地理位置或裝置感測器資訊。所以我們開發時，要適當處理使用者拒絕授權的情況。

本章回顧

- Web API 是一組透過標準網路協定提供的程式介面，讓軟體系統之間能夠有效溝通與協作。

- 瀏覽器內建 API 屬前端技術，由瀏覽器原生提供，直接透過 JavaScript 存取瀏覽器與裝置功能。

- 伺服器端 API 屬後端技術，透過 HTTP 請求，從伺服器或第三方服務取得資料或資源。

PART 1 認識 Browser Web API 與資料查詢

Chapter 02 查閱與使用 Browser Web API 的必備知識

一分鐘概覽

介紹如何查詢 Browser Web API 的官方文件，以及如何掌握瀏覽器支援與相容性的資訊。

如何有效查閱 Browser Web API 官方文件？

在使用瀏覽器內建的 Web API 時，最重要的資源就是官方文件。以下是幾個常用且推薦的資源網站：

❑ MDN Web Docs

MDN 提供全面、詳細且易於閱讀的 Browser Web API 文件，是大部分開發者首選的參考資料。每個 API 都有清楚的範例與支援情況說明。

> **MDN Web Docs**
>
> https://developer.mozilla.org/zh-TW/docs/Web/API
>
> MDN 有詳細的 Browser Web API 文件

❑ W3C 標準文件

我們還能查閱 W3C 發布的正式標準文件，了解特定 Browser Web API 的標準化細節。

Geolocation

W3C Recommendation 11 April 2025

▼ More details about this document

This version:
https://www.w3.org/TR/2025/REC-geolocation-20250411/

Latest published version:
https://www.w3.org/TR/geolocation/

Latest editor's draft:
https://w3c.github.io/geolocation/

History:
https://www.w3.org/standards/history/geolocation/
Commit history

Test suite:
https://wpt.live/geolocation/

Implementation report:
https://w3c.github.io/geolocation/reports/implementation.html

Editors:
Marcos Cáceres (Apple Inc.)
Reilly Grant (Google)

Former editor:
Andrei Popescu (Google Inc.)

Feedback:
GitHub w3c/geolocation (pull requests, new issue, open issues)

Errata:
Errata exists.

Browser support:
caniuse.com

See also translations.

Copyright © 2025 World Wide Web Consortium. W3C® liability, trademark and permissive document license rules apply.

圖 2-1　Geolocation API 的標準化細節

W3C

https://www.w3.org

如何判斷瀏覽器支援情況與相容性

由於不同的瀏覽器在實作 Browser Web API 時可能存在差異，所以我們需要掌握 API 的支援狀況，可以網站的規格或程式碼檢查來了解 Browser Web API 的相容性。

❑ Can I Use

透過 Can I Use 網站，可即時查看 API 在各大主流瀏覽器（如 Chrome、Firefox、Safari、Edge）的支援情形，並提供明確的版本號碼、支援狀態及使用比例等資訊。

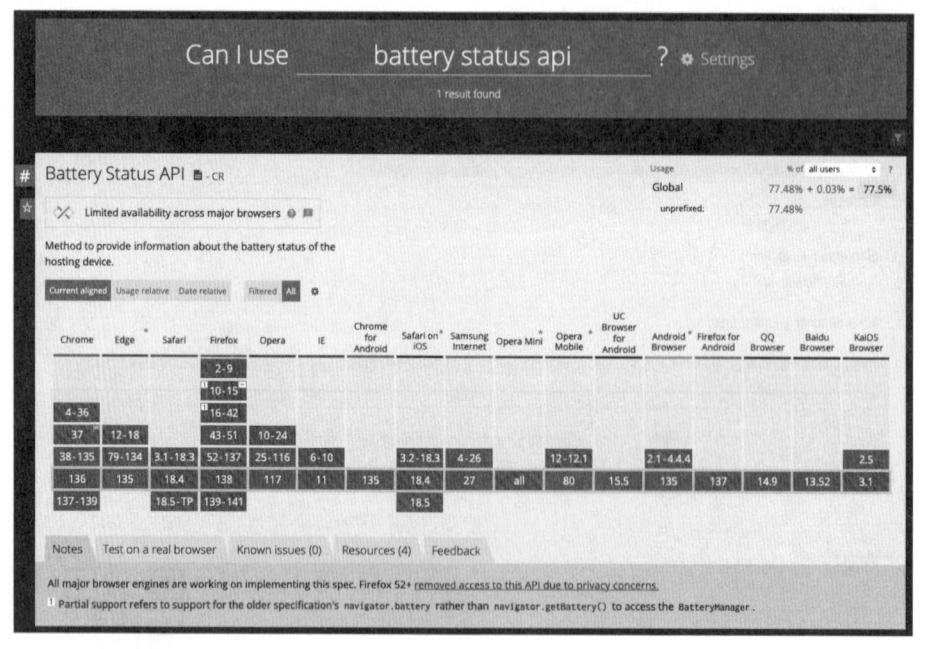

圖 2-2　使用 Can I Use 查詢 battery status api 的支援

Can I Use

https://caniuse.com/

❏ MDN Browser Compatibility 表格

在 MDN Web Docs 文件底部，通常會附有詳細的瀏覽器相容性比較表，提供瀏覽器支援程度、初次支援版本與注意事項等資訊。

圖 2-3　Battery Status API 的瀏覽器相容性表格

❏ 使用 JavaScript 協助檢查

我們還能使用 JavaScript 檢查使用者的瀏覽器是否支援 API，以 Geolocation API 為例，可以用 `'geolocation' in navigator` 來檢查瀏覽器有沒有提供地理位置的功能。

> **什麼是 navigator？**
>
> navigator 是瀏覽器提供的一個 JavaScript 物件，裡面包含許多與瀏覽器本身或使用者裝置有關的資訊與功能，例如：
> – 使用者的地理位置資訊（`navigator.geolocation`）
> – 使用者使用的瀏覽器類型與版本（`navigator.userAgent`）
> – 使用者裝置的語言設定（`navigator.language`）

程式碼 2-1 ▶▶ 檢查瀏覽器是否支援 Geolocation API

```
if ('geolocation' in navigator) {
  console.log('支援 Geolocation API);
} else {
  console.log('不支援 Geolocation API，需提供替代方案');
}
```

常見問題

Q 如果某個 API 在不同瀏覽器有支援差異，該如何處理？

　A 可以透過特徵檢測實現「漸進式增強」，當瀏覽器不支援時提供替代方案或提示訊息。

本章回顧

- 了解如何官方 Browser Web API 文件的網站與方法。
- 可以確認 Browser Web API 在各大瀏覽器的相容性與支援度。
- 理解如何透過特徵檢測與漸進式增強，處理不同瀏覽器的 API 支援差異。

Chapter 03 Browser Web API 索引與功能整理

> 一分鐘概覽

本章彙整了瀏覽器內建 Web API 的完整清單，並依照功能分類，列出每個 API 的基本用途與可實現的互動功能，希望能幫助大家在開發與查詢時事半功倍。

我參考了 MDN Web Docs 提供的 Browser Web API 規格與支援狀況，並加以分類與簡介。大家可以依照開發需求快速查找合適的 API 與對應的功能。

有一些 API 後面會註明（實驗性），表示這個 API 仍處於實驗階段，使用之前記得要確認瀏覽器的相容性。

Browser Web API 分類與簡介（從 A 到 X）

☐ A

- Attribution Reporting API（實驗性）：用於協助廣告平台執行轉換歸因，避免使用第三方 cookie。
- Audio Output Devices API（實驗性）：允許網頁應用程式讓使用者選擇音訊輸出裝置，例如在喇叭和耳機之間切換。

☐ B

- Background Fetch API（實驗性）：允許瀏覽器在背景下載大型資源，即使使用者離開頁面也能繼續下載。

- **Background Synchronization API**：讓 Service Worker 能在網路連線恢復後自動同步資料。
- **Background Tasks API**：提供瀏覽器在背景中執行延遲任務的能力。
- **Badging API**：可在應用圖示上顯示提示徽章，常見於通知或待辦數量。
- **Battery Status API**：可取得裝置電池電量與充電狀態，但因隱私問題已逐漸被棄用，建議改用其它替代方案或避免使用。
- **Beacon API**：用於在頁面被移除時傳送小型的資料包，特別適合用於分析和追蹤。
- **Web Bluetooth API（實驗性）**：允許網站與藍牙裝置進行通訊，例如連接健康監測設備。
- **Broadcast Channel API**：允許同一個來源的多個瀏覽器分頁之間傳遞訊息。

❏ **C**

- **CSS Custom Highlight API**：允許開發者以自訂方式高亮特定文字片段，支援多種樣式。
- **CSS Font Loading API**：提供非同步方式載入與控制網頁字型的使用與狀態，讓我們可以控制字型的載入時機，並監控載入狀態。
- **CSS Painting API（實驗性）**：可自訂 CSS 背景圖片與邊框的繪製方式。
- **CSS Properties and Values API**：可以定義自己的 CSS 屬性，包括類型檢查、預設值等功能。
- **CSS Typed Object Model API**：可以使用 JavaScript 物件而非字串來操作 CSS 值。
- **CSS Object Model（CSSOM）**：讓 JavaScript 能操作樣式表與樣式規則。

PART 1　認識 Browser Web API 與資料查詢

- **Canvas API**：用來繪製 2D 圖形與動畫，常用於遊戲與圖表。
- **Channel Messaging API**：用於不同瀏覽環境之間的訊息傳輸，常見於 iframe 或 Worker 之間的通訊。
- **Clipboard API**：支援程式化的複製、剪下與貼上功能，讓網頁應用能夠存取系統剪貼簿。
- **Compression Streams API**：提供資料壓縮與解壓縮的串流處理能力，支援 gzip 和 deflate 格式。
- **Compute Pressure API**（實驗性）：可讀取裝置資源壓力（如 CPU），用以調整應用行為。
- **Console API**：常用於開發階段輸出除錯資訊，例如 console.log()。
- **Contact Picker API**（實驗性）：允許使用者從裝置聯絡人清單中選取聯絡人資料。
- **Content Index API**（實驗性）：支援離線應用將內容登記至索引中，供快速搜尋。
- **Cookie Store API**：可讓 Service Worker 存取 Cookie。
- **Credential Management API**：提供更一致的登入資訊管理介面，支援憑證自動填入與儲存。

❏ D

- **Document Object Model（DOM）**：網頁的核心結構與操作模型，支援節點選取、內容更新、事件綁定等。
- **Device Memory API**：提供裝置記憶體資訊，讓開發者根據可用資源調整應用行為。
- **Device orientation events**：可監聽裝置方向與旋轉角度，常見於遊戲與動態視圖。

- **Device Posture API**（實驗性）：偵測裝置是否為摺疊狀態，適用於可摺疊設備。
- **Document Picture-in-Picture API**（實驗性）：允許網頁任意元素進入子母畫面模式，不僅限於影片。

❏ E

- **EditContext API**（實驗性）：用於支援進階文字輸入編輯，為 IME 與虛擬鍵盤優化應用情境，也可以讓我們自訂文字編輯區域的渲染方式。
- **Encoding API**：支援字串與位元組編碼轉換，例如 UTF-8 編碼與解碼。
- **Encrypted Media Extensions API**：允許加密內容播放，它提供了一個介面來控制受數位版權管理（DRM）保護的內容的播放。
- **EyeDropper API**（實驗性）：可讓使用者從畫面上選取顏色，適用於設計工具。

❏ F

- **Federated Credential Management（FedCM）API**（實驗性）：提供一個標準機制讓身份提供者以保護隱私的方式提供身份聯合服務，不需使用第三方 cookie 和重定向。
- **Fenced Frame API**（實驗性）：提供更隔離的 iframe 內容載入方式，以提升隱私。
- **Fetch API**：現代化的資料請求方式，取代 XMLHttpRequest，支援 Promise。
- **File API**：可讓使用者選擇本機檔案，並在網頁中處理這些檔案。
- **File System API**：讓應用可以存取沙箱內的檔案系統，支援檔案建立、讀取與刪除。

- **File and Directory Entries API**：可讀取使用者裝置中的資料夾結構與檔案，提供完整的檔案讀寫和管理功能，包括同步和非同步操作。
- **Force Touch events**：Apple 裝置的觸壓感應事件。
- **Fullscreen API**：允許元素切換至全螢幕顯示，常用於影片播放或簡報模式。

❏ G

- **Gamepad API**：支援遊戲控制器輸入，可用於開發互動遊戲。
- **Geolocation API**：提供使用者的即時地理位置資訊，需要經過使用者授權才能使用。
- **Geometry interfaces**：提供 DOMRect 等幾何結構，供計算位置與尺寸用。

❏ H

- **The HTML DOM API**：HTML 文件的核心操作方式，包括標籤節點、屬性與內容操作。
- **HTML Drag and Drop API**：支援元素拖曳與放置的事件處理。
- **History API**：可操作瀏覽器歷史紀錄，實作 SPA 頁面切換與 URL 管理。
- **Houdini APIs**：一組可擴展 CSS 行為的實驗性 API，包括 Paint Worklet、Layout Worklet 等。

❏ I

- **Idle Detection API（實驗性）**：可偵測使用者是否閒置，適用於自動儲存、登出等功能。

- **MediaStream Image Capture API**：從 MediaStream 中擷取影像畫面，支援即時快照功能。
- **IndexedDB API**：提供非同步、結構化的大型本地資料庫儲存。
- **Ink API**（實驗性）：可實作筆跡輸入與數位墨水功能。
- **InputDeviceCapabilities API**（實驗性）：提供輸入設備的能力資訊，例如是否支援觸控、筆觸等。
- **Insertable Streams for MediaStreamTrack API**：允許對音訊與影片串流進行加工處理，例如加密、效果等。
- **Intersection Observer API**：可觀察 DOM 元素進入或離開可視區域的狀態，常用於 Lazy Load 或動畫觸發。
- **Invoker Commands API**：支援標準化的命令介面。

❏ J

- **JS Self-Profiling API**（實驗性）：提供程式執行分析，協助診斷效能瓶頸，允許網站執行採樣分析器，以了解 JavaScript 執行時間的分配情況。

❏ K

- **Keyboard API**（實驗性）：支援偵測實體鍵盤的配置與狀態，並監聽高階的鍵盤事件。

❏ L

- **Launch Handler API**（實驗性）：允許網站定義當 PWA（漸進式網頁應用程式）被啟動時的行為。
- **Local Font Access API**（實驗性）：允許網頁存取使用者本機的字型檔案。

❏ M

- **Media Capabilities API**：查詢瀏覽器播放特定音訊或影片格式的能力與效能。
- **Media Capture and Streams API**（Media Stream）：支援從攝影機、麥克風等裝置擷取即時資料。
- **Media Session API**：控制媒體播放時的通知欄位與外部裝置互動，例如藍牙耳機播放控制。
- **Media Source API**（實驗性）：可以透過 JavaScript 動態建立媒體串流，支援自適應串流播放技術，如 DASH 或 HLS。
- **MediaStream Recording API**：允許將影音串流錄製成檔案。

❏ N

- **Navigation API**（實驗性）：提供更靈活的 SPA 導覽，支援瀏覽歷史與進階事件處理。
- **Network Information API**：可取得裝置的網路連線狀態，包括連線類型以及網路連線品質的預估值。

❏ P

- **Page Visibility API**：判斷頁面是否為目前使用者正在檢視的狀態，適合控制播放與節能。
- **Payment Handler API**（實驗性）：允許網站建立自己的付款處理方案。
- **Payment Request API**：提供簡化的付款請求流程，整合使用者儲存的信用卡或支付方式。
- **Performance APIs**：一組用於量測網站效能的 API，包括 performance.now()、PerformanceObserver 等。

- **Web Periodic Background Synchronization API（實驗性）**：允許 PWA（漸進式網頁應用程式）在有網路時，以一定的時間間隔在背景執行同步任務。

- **Permissions API**：查詢與管理 API 使用權限狀態，例如地理位置或通知授權。

- **Picture-in-Picture API**：將影片或指定元素顯示為可浮動的小視窗，讓我們可以一邊觀看媒體內容，一邊與其它網站互動。

- **Pointer events**：統一處理滑鼠、觸控與筆觸事件，簡化了跨設備開發的工作。

- **Pointer Lock API**：允許網頁應用程式鎖定滑鼠指標，並接收連續的滑鼠移動事件，常用於第一人稱視角遊戲。

- **Popover API**：提供了一個標準化的方式來建立彈出元素（如下拉選單，對話框…等）。

- **Presentation API（實驗性）**：支援跨螢幕投放與控制簡報畫面。

- **Prioritized Task Scheduling API**：可以讓我們為非同步任務指定優先級，進而控制任務執行順序。

- **Push API**：搭配 Service Worker 製作即時推播通知的功能。

❑ R

- **Remote Playback API**：可以控制媒體在其它裝置（如智慧電視）上播放。

- **Reporting API**：透過瀏覽器背景傳送錯誤報告、內容安全報告等資訊至指定伺服器。

- **Resize Observer API**：監聽 DOM 元素尺寸變化，適用於響應式設計、佈局調整…等功能。

❐ S

- **SVG API**：提供對 SVG 及其屬性的操作，包含新增、修改和動畫化。
- **Screen Capture API**：支援擷取使用者的螢幕畫面，常用於視訊會議與錄影。
- **Screen Orientation API**：可監控與鎖定裝置螢幕方向。
- **Screen Wake Lock API**：可防止螢幕因閒置而進入休眠狀態。
- **Selection API**：允許存取與控制使用者選取的文字範圍。
- **Sensor APIs**：包括加速度感測器、陀螺儀、光線感測器等。
- **Server-sent events**：伺服器主動將資料推至客戶端，適合即時更新訊息的需求。
- **Service Worker API**：在背景執行 JavaScript，我們可以攔截請求、快取資源並實作離線功能。
- **Shared Storage API**（**實驗性**）：跨網站的儲存機制，通常用於廣告相關用途。
- **Speculation Rules API**（**實驗性**）：瀏覽器可以預先推測使用者要點擊的連結並預先存取。
- **Storage API**：提供存取 localStorage、sessionStorage 等儲存功能的介面。
- **Storage Access API**：讓第三方 iframe 取得儲存資料權限，用於解決跨站儲存隔離問題。
- **Streams API**：支援資料串流處理，可逐段接收資料，例如影片下載與播放同步進行。

❏ T

- **Topics API**（實驗性，非標準）：替代第三方 cookie 的使用者興趣分類機制，通常用於廣告追蹤。
- **Touch events**：處理觸控螢幕上的點擊、滑動、長按等手勢事件。
- **Trusted Types API**：防止 XSS 攻擊的一種安全機制，防止插入不可信任的 HTML 字串。

❏ U

- **UI Events**：如鍵盤輸入、滑鼠移動、點擊等互動事件。
- **URL API**：建立與解析 URL 的方法，例如 new URL()。
- **URL Fragment Text Directives**：可以在連結中使用特殊語法，並指定文字高亮的範圍。
- **URL Pattern API**（實驗性）：可進行進階 URL 匹配與路由。
- **User-Agent Client Hints API**（實驗性）：提供瀏覽器裝置資訊的替代方案，用來改善 UA 欄位過度使用的問題。

❏ V

- **Vibration API**：控制裝置震動，適用於簡單互動的反饋。
- **View Transition API**：建立畫面切換的動畫效果，適合 SPA 或元件轉場。
- **VirtualKeyboard API**（實驗性）：控制虛擬鍵盤的顯示與版面空間配置。
- **Visual Viewport API**：提供視窗中實際可見區域的尺寸與位置，常用於處理鍵盤遮擋問題。

❏ W

- **Web Animations API**：可以透過 JavaScript 操作 CSS 動畫。

- **Web Audio API**：建立與處理音訊訊號，支援聲音合成、濾波等進階應用。

- **Web Authentication API**：可以使用無密碼登入，如指紋、人臉辨識或安全金鑰。

- **Web Components**：可以讓我們建立封裝的、可重用的自定義 UI 元件。

- **Web Crypto API**：支援加密、解密、雜湊等安全操作。

- **Web Locks API**：允許不同的分頁或腳本協調資源的存取。

- **Web MIDI API**：支援與 MIDI 裝置通訊的 API，可以讓網頁應用直接連接和控制樂器、合成器 … 等音樂設備。

- **Web NFC API**（實驗性）：讓網站能讀取和寫入近場通訊標籤，實現簡單的感應互動。

- **Notification API**：允許網站傳送通知到使用者的電腦，需取得使用者的授權。

- **Web Serial API**（實驗性）：讓網頁應用能與連接電腦的串列埠裝置進行通訊，支援讀寫資料、控制設定和監測連線狀態。

- **Web Share API**：讓網頁能呼叫裝置原生的分享功能，可分享內容到社群媒體、通訊軟體或其它應用。

- **Web Speech API**：讓網頁能聽懂使用者說話並以電腦合成聲音回應，實現語音互動功能。

- **Web Storage API**：提供 localStorage 與 sessionStorage 等儲存網頁資料的方式。

- **Web Workers API**：讓網頁能在背景處理複雜運算，透過建立背景執行緒，避免阻塞主執行緒。

- **WebCodecs API**：支援更低延遲的音訊與影片編碼解碼處理。
- **WebGL**：支援在 Canvas 上進行 2D 與 3D 圖形渲染。
- **WebGPU API**（實驗性）：比 WebGL 更強大的圖形與運算能力。
- **WebHID API**（實驗性）：讓網頁直接連接特殊輸入設備,如遊戲手把、VR 控制器或專業儀器。
- **WebOTP API**：自動從簡訊讀取一次性驗證碼,加速驗證流程。
- **WebRTC API**：支援即時音訊、視訊通話與資料交換,常用於會議與聊天室。
- **WebSocket API**：建立網頁與伺服器的持久連線,實現雙向即時通訊,適合聊天、遊戲和即時更新功能。
- **WebTransport API**：比 WebSocket 更靈活的網路傳輸方式,可針對不同需求調整效能與可靠性,支援更多通訊模式。
- **WebUSB API**（實驗性）：允許網站與 USB 裝置互動。
- **WebVTT API**：支援字幕檔（.vtt）解析與呈現,常搭配影片使用。
- **WebXR Device API**（實驗性）：支援虛擬與擴增實境裝置。
- **Window Controls Overlay API**（實驗性）：讓 PWA 應用能自訂視窗的導航區塊。
- **Window Management API**（實驗性）：能控制多視窗顯示模式,支援多螢幕佈局與彈出視窗管理。

❏ X

- **XMLHttpRequest API**：傳統的資料請求方式,支援同步與非同步傳輸,已漸被 fetch API 取代。

PART 1 認識 Browser Web API 與資料查詢

本章回顧

- 掌握瀏覽器內建 Web API 的功能。
- 快速查閱每個 API 的基本用途、應用場景與實驗性狀態。

PART

2

網站定位與路線追蹤應用

與地理空間互動,實作最直觀的定位與追蹤功能

本篇學習目標

Chapter 04　用 Geolocation API 取得與追蹤使用者地理位置

Chapter 05　用 Geolocation API 和 Leaflet Routing Machine 實作叫車服務功能

Chapter 04 用 Geolocation API 取得與追蹤使用者地理位置

一分鐘概覽

Geolocation API 是 HTML5 Web API 中非常強大的工具。它能讓網頁存取使用者裝置的地理位置,也因此能提供許多貼心的服務,例如導航位置、觀看在地天氣或是取得當地的服務等等。

同時,Geolocation API 也是個注重隱私的 API,只有在使用者清楚授權並同意的前提下,我們才能取得使用者的地理位置,這使得 Geolocation API 成為一個強大好用,又兼具安全性的工具。

■ 瀏覽器和平台相容性

瀏覽器 / 裝置	支援情況	備註
Chrome	支援	必須在 HTTPS 或 localhost 環境中使用
Firefox	支援	同上
Safari	支援	使用者需授權,iOS 上也可使用
Edge	支援	與 Chrome 相同
行動裝置	支援	常見於地圖應用、定位提醒等

> **TIPS**
>
> Geolocation API 僅能在安全環境下運作，包含：
>
> 1. HTTPS 網站
> 2. 或 本機端測試（localhost）
>
> 在其它非安全環境下（如 HTTP 網站）無法啟用 Geolocation API。

Geolocation API 的核心功能

Geolocation API 主要提供以下功能：

1. 取得使用者目前的位置。
2. 持續監控使用者位置的變化。
3. 提供位置的精準度資訊。

而瀏覽器可以透過以下方式，來確定使用者的地理位置：

- **GPS 全球定位系統**：精確且可靠，但耗電。
- **網路位置**（如 Wi-Fi 或基地台定位）：適合室內環境。
- **IP 位址定位**：雖然不夠準確，但作為備選方案也夠用。

檢查瀏覽器是否支援 Geolocation API

雖然在「瀏覽器和平台相容性」表格有寫到 Geolocation API 對各大瀏覽器的支援度都很好，但實作之前還是建議大家檢查瀏覽器是否支援這個 API，養成檢查功能支援的好習慣。

程式碼 4-1 ▶▶ 判斷瀏覽器是否支援 Geolocation API

```
01. if ('geolocation' in navigator) {
02.   console.log('支援 Geolocation API');
03. } else {
04.   console.log('不支援 Geolocation API，需提供替代方案');
05. }
```

如果支援，就用 `navigator.geolocation.getCurrentPosition()` 取得使用者目前的位置。

使用 getCurrentPosition() 取得當前位置

程式碼 4-2 ▶▶ getCurrentPosition() 的使用方法與參數

```
navigator.geolocation.getCurrentPosition(successCallback,
errorCallback, options);
```

getCurrentPosition() 方法接受三個參數：

1. `successCallback`：成功取得位置時執行的函數。

2. `ErrorCallback`：取得位置失敗時執行的函數（選填）。

3. `options`：相關的設定，如是否使用 HighAccuracy、設定 timeout 等等（選填）。

接下來使用 `getCurrentPosition()` 取得使用者當前的位置，成功取得後，我們會在 console 控制台印出目前的經緯度，此外也有設定額外的選項，例如要求高精確度的位置資料，以及設定等待時間的上限。

程式碼 4-3 ▶▶ 取得使用者當前位置

```
01. function successCallback(position) {
02.   // 從回傳的 position 物件中，解構出 latitude（緯度）和 longitude
      （經度）
03.   const { latitude, longitude } = position.coords;
```

```
04.     console.log(`目前位置：緯度 ${latitude}, 經度 ${longitude}`);
05.   }
06.
07.   function errorCallback(error) {
08.     console.error(`錯誤：${error.message}`);
09.   }
10.
11.   // 設定位置請求的選項
12.   const options = {
13.     enableHighAccuracy: true,
14.     timeout: 5000,
15.     maximumAge: 0
16.   };
17.
18.   // 呼叫 Geolocation API，開始取得使用者目前的位置
19.   navigator.geolocation.getCurrentPosition(successCallback,
       errorCallback, options);
```

如果同意分享位置，就能在 console 面板看到當前的經緯度資料：

```
目前位置：緯度 15.0232011, 經度 211.2709354
```

❏ options 參數說明

使用 Geolocation API 時，可以透過 options 物件來設定相關的選項，以下是選項內容、說明與可接受的值。

■ options 參數說明

參數名稱	值的類型	預設值
enableHighAccuracy	Boolean	false
說明	設為 true 可以讓裝置提供更精準的位置，但相對的也會讓處理時間變長、需要更多的電量，或是增加消耗 GPS 晶片。	
timeout	正整數	Infinity（單位：毫秒）
說明	取得使用者地理位置時，超過這個時間就會停止解析。如果有在 errorCallback 顯示 error，會看到錯誤為 Timer expired。	

參數名稱	值的類型	預設值
maximumAge	正整數	0（單位：毫秒）
說明	預設為 0 表示不進行快取，每次都要重新取得最新的使用者地理位置；假如設定為 60000，表示允許使用過去 60 秒內取得的地理位置。	

出現錯誤訊息：Only request geolocation information in response to a user gesture.

前面有提過，Geolocation API 必須要經過使用者的同意才能取得地理位置。因此這個錯誤表示我們在**沒有經過使用者允許的情況下**，就使用 Geolocation API 取得使用者的地理位置。

怎樣才算是取得使用者的同意呢？

我們要讓使用者進行明確的動作（例如點選按鈕、點選連結）後，再要求 Geolocation 的權限。

程式碼 4-4 ▶▶ 點擊按鈕後要求 Geolocation API 的權限

```
01.  if ("geolocation" in navigator) {
02.    console.log(' 瀏覽器支援 Geolocation');
03.    // 點選按鈕才會呼叫 getCurrentPosition()
04.    document.getElementById('geolocation').addEventListener
       ('click', function () {
05.      function successCallback(position) {
06.        const latitude = position.coords.latitude;
07.        const longitude = position.coords.longitude;
08.        console.log(`緯度：${latitude}，經度：${longitude}`);
09.      }
10.      function errorCallback(error) {
11.        console.error(`錯誤：${error.message}`);
12.      }
13.      const options = {
14.        enableHighAccuracy: true, // 使用高精準度的資訊
15.        timeout: 5000, // 請求超時時間（毫秒）
```

```
16.        maximumAge: 0 // 快取時間
17.      };
18.      navigator.geolocation.getCurrentPosition(successCallback,
           errorCallback, options);
19.    });
20.  } else {
21.    console.log(' 瀏覽器不支援 Geolocation');
22.  }
```

❑ 更好的顯示錯誤訊息

取得地理位置時可能會遇到各種問題，例如使用者拒絕授權，該裝置讀不到位置（本身不支援地理位置的功能），沒有網路或訊號不好…等等。這些都可以在 errorCallback 函式中，根據錯誤訊息顯示對應的文字。

程式碼 4-5 ▶▶ 使用 errorCallback 函式處理錯誤訊息

```
01. function errorCallback(error) {
02.    switch(error.code) {
03.      case error.PERMISSION_DENIED:
04.        console.error(" 使用者拒絕了地理位置請求。");
05.        break;
06.      case error.POSITION_UNAVAILABLE:
07.        console.error(" 無法取得地理位置 ");
08.        break;
09.      case error.TIMEOUT:
10.        console.error(" 請求超時。");
11.        break;
12.      case error.UNKNOWN_ERROR:
13.        console.error(" 發生未知錯誤。");
14.        break;
15.    }
16.  }
```

拒絕權限後該如何重新啟用

如果使用者一開始就拒絕分享地理位置，我們便無法使用 Geolocation API 取得地理位置，也無法再使用 JavaScript 重新觸發請求的對話框，但我們可以引導使用者，讓它們修改瀏覽器設定分享地理位置。以 Chrome 為例，選擇網址左側的 icon，再選擇「位置」→「重設權限」，並重新載入頁面，就會跳出請求的對話框了。

圖 4-1　重設權限

在地圖上顯示使用者所在位置

Geolocation API 本身不提供地圖功能，因此我們會將取得的位置資訊與第三方地圖服務結合使用，常見的就是 Google Maps 或 OpenStreetMap。

鑑於 Googel Maps 的設定較為繁瑣，且並非本章節的重點，為了避免模糊焦點，我們會使用 OpenStreetMap 和 Leaflet 來做一個追蹤位置變化的地圖功能。

OpenStreetMap 的用途與介紹

OpenStreetMap（簡稱 OSM）是一個由全球志工社群共同維護的開放式地圖資料平台，就像地理資訊界的 Wikipedia。它不但免費、開源、沒有授權費用，而且支援高度自訂，適合開發者用來建立地圖應用服務。

OSM 官方網站：https://www.openstreetmap.org/

Leaflet 的用途與介紹

Leaflet 是一套輕量級、現代化的 JavaScript 函式庫，專門用來製作互動式地圖。通常和 OpenStreetMap 搭配使用，但也支援如 Google Maps、Mapbox 等多種地圖圖層。Leaflet 最大的優勢是簡單易上手，幾行程式碼就能嵌入互動地圖、標示位置、處理縮放與點擊事件。

Leaflet 官方網站：https://leafletjs.com/

在 HTML 頁面中放置 Leaflet 的 CSS 和 JavaScript CDN，並在使用者點選按鈕後，透過 Geolocation API 取得目前位置，使用 Leaflet 函式庫將地圖渲染在畫面上，並搭配 OpenStreetMap 作為地圖來源，在畫面中顯示使用者的所在位置。

程式碼 4-6 ▶▶ 在地圖上顯示使用者所在位置

```
01. <button id="geolocation">Get Location</button>
02.
03. <div id="map" style="height: 400px; margin-top: 1em;"></div>
04.
05. <script src="https://cdnjs.cloudflare.com/ajax/libs/leaflet/
    1.7.1/leaflet.js"></script>
06. <link rel="stylesheet" href="https://cdnjs.cloudflare.com/ajax/
    libs/leaflet/1.7.1/leaflet.css" />
07.
08. <script>
09.   // 定義地圖與標記的變數
10.   let map;
11.   let marker;
12.
```

```
13.    const options = {
14.      enableHighAccuracy: true,
15.      timeout: 5000,
16.      maximumAge: 0
17.    };
18.
19.    // 初始化地圖
20.    function initMap(lat, lon) {
21.      // 建立地圖物件，並設定初始中心點與縮放等級
22.      map = L.map('map').setView([lat, lon], 13);
23.      // 使用 OpenStreetMap 的地圖圖層
24.      L.tileLayer('https://{s}.tile.openstreetmap.org/{z}/{x}/{y}.png', {
25.        attribution: '© OpenStreetMap contributors'
26.      }).addTo(map);
27.      // 在地圖上放置一個標記
28.      marker = L.marker([lat, lon]).addTo(map);
29.    }
30.
31.    if ("geolocation" in navigator) {
32.      console.log('瀏覽器支援 Geolocation');
33.      document.getElementById('geolocation').addEventListener('click', function () {
34.        // 成功取得位置後的 callback function
35.        function successCallback(position) {
36.          const latitude = position.coords.latitude;
37.          const longitude = position.coords.longitude;
38.          initMap(latitude, longitude);
39.          console.log(`緯度：${latitude}，經度：${longitude}`);
40.        }
41.        // 取得位置失敗時的 callback function
42.        function errorCallback(error) {
43.          console.error(`錯誤：${error.message}`);
44.        }
45.        navigator.geolocation.getCurrentPosition(successCallback, errorCallback, options);
46.      });
47.    } else {
48.      console.log('瀏覽器不支援 Geolocation');
49.    }
50.  </script>
```

按下「Get Location」按鈕,就會在地圖上顯示自己的所在位置。

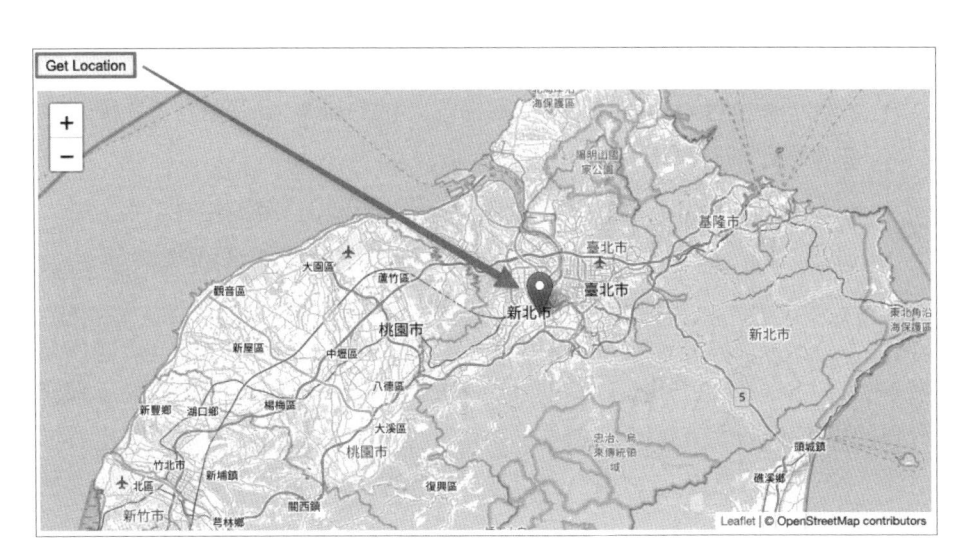

圖 4-2　在地圖上顯示自己的位置

使用 watchPosition() 追蹤使用者的地理位置

Geolocation API 除了能取得使用者當前的地理位置外,還能監控地理位置的變化,我們通常會用在導航類的 App 服務。

我們可以使用 watchPosition() 方法來監控變化:

```
const watchId = navigator.geolocation.watchPosition
(successCallback, errorCallback, options);
```

該方法會返回一個 watchId,使用它來停止監控:

```
navigator.geolocation.clearWatch(watchId);
```

> **TIPS**
>
> getCurrentPosition() 和 watchPosition() 的差異：
> - `getCurrentPosition()`：只會取得一次位置資料，適合用在「我現在在哪裡？」的這種情境。
> - `watchPosition()`：會持續監控使用者的位置變化，適合用在「我正在移動，請一路幫我追蹤」的情境，例如導航、物流追蹤、運動紀錄等。

原本的設計是按下「Get Location」按鈕才會顯示位置，現在改成按下「開始追蹤 startTracking()」，才會在地圖上顯示位置。可以參考程式碼 4-7 來調整 HTML 的結構。

程式碼 4-7 ▶▶ 在 HTML 加入按鈕

```
01. <div id="map" style="height: 400px; margin-top: 1em;"></div>
02.
03. <!-- status 顯示當前經緯度 -->
04. <div id="status"></div>
05.
06. <!-- 加入三個按鈕 -->
07. <div>
08.   <button onclick="startTracking()">開始追蹤</button>
09.   <button onclick="stopTracking()">停止追蹤</button>
10.   <button onclick="simulateMovement()">模擬移動</button>
11. </div>
```

使用 watchPosition() 取代 getCurrentPosition()，即時追蹤使用者的位置變化，並更新地圖與畫面上的座標資訊。當位置變更時，會自動更新地圖的中心點與標記的位置，我們也有紀錄 `watchId`，可以在需要時用來停止追蹤。

程式碼 4-8 ▶▶ 加入 watchPosition() 即時追蹤使用者的位置變化

```
01. // watchId 用來停止追蹤監控
02. let watchId;
```

```
03.  let map;
04.  let marker;
05.  // 用於模擬移動
06.  let simulationInterval;
07.
08.  function initMap(lat, lon) {
09.    map = L.map('map').setView([lat, lon], 13);
10.    L.tileLayer('https://{s}.tile.openstreetmap.org/{z}/{x}/{y}.png', {
11.      attribution: '© OpenStreetMap contributors'
12.    }).addTo(map);
13.    marker = L.marker([lat, lon]).addTo(map);
14.  }
15.
16.  // 用 watchPosition() 取代 getCurrentPosition()
17.  // 每當位置變化時就會呼叫 updatePosition()
18.  function updatePosition(position) {
19.    const { latitude, longitude } = position.coords;
20.    if (!map) {
21.      initMap(latitude, longitude);
22.    } else {
23.      map.setView([latitude, longitude], 13);
24.      marker.setLatLng([latitude, longitude]);
25.    }
26.    // 更新頁面上的座標狀態文字，讓使用者看到即時經緯度
27.    document.getElementById('status').textContent = `緯度：${latitude}, 經度：${longitude}`;
28.  }
29.
30.  // 如果定位失敗，就顯示錯誤訊息（與 getCurrentPosition 用法一致）
31.  function handleError(error) {
32.    document.getElementById('status').textContent = `錯誤：${error.message}`;
33.  }
34.
35.  function startTracking() {
36.    if ("geolocation" in navigator) {
37.      // 啟動位置追蹤 watchPosition()，會持續呼叫 updatePosition()
38.      // watchId 可供日後用 clearWatch() 停止追蹤
39.      watchId = navigator.geolocation.watchPosition(updatePosition, handleError);
40.      document.getElementById('status').textContent = "正在追蹤位置...";
41.    } else {
```

```
42.     document.getElementById('status').textContent = "您的瀏覽器
        不支援地理位置功能。";
43.   }
44. }
```

模擬移動功能

在開發過程中,由於尚未真正串接使用者的地理位置,所以需要撰寫一個模擬移動的功能,以隨機修改經緯度來模擬裝置的移動。

程式碼 4-9 ▶▶ 加入 `simulateMovement()` 函式完成模擬移動

```
01. function simulateMovement() {
02.   if (simulationInterval) {
03.     clearInterval(simulationInterval);
04.     simulationInterval = null;
05.     document.getElementById('status').textContent = "模擬移動已
        停止。";
06.   } else {
07.     let lat = 48.860611; // 起始緯度
08.     let lon = 2.3327785; // 起始經度
09.     simulationInterval = setInterval(() => {
10.       lat += (Math.random() - 0.5) * 0.001;
11.       lon += (Math.random() - 0.5) * 0.001;
12.       updatePosition({ coords: { latitude: lat, longitude: lon } });
13.     }, 1000);
14.     document.getElementById('status').textContent = "正在模擬移
        動...";
15.   }
16. }
```

完成後的畫面有一張地圖與三個按鈕,首先點選「開始追蹤」,並允許瀏覽器取得地理位置後,再點選「模擬移動」就能在地圖上看到模擬的動態效果。

圖 4-3　完整的地圖串接畫面

線上範例

https://mukiwu.github.io/web-api-demo/geo.html
請先點選「開始追蹤」並允許瀏覽器取得你的地理位置。

常見問題

Q 使用者不授權怎麼辦？
　A 可提供「手動輸入位置」作為替代方案，避免功能完全失效。

Q 位置資訊會即時更新嗎？
　A 使用 watchPosition() 可以監聽使用者移動時的位置變化，但會消耗較多資源。

Q 位置的精確度可以調整嗎？
　A 可以透過 enableHighAccuracy 設定要求更高精度，但可能會增加耗電量與耗時。

Q 是否會有隱私疑慮？
　A 是的，Geolocation 被視為敏感資訊，務必在 UI 中清楚說明用途，並尊重使用者選擇。

小結

在這一章節，我們學會了如何使用 watchPosition() 持續監聽使用者的位置變化，並透過 Leaflet 將最新座標即時標示在地圖上。這讓我們能夠模擬導航，也能在沒有實際移動裝置的情況下，透過模擬數據測試整體流程。

Geolocation API 是 Browser Web API 中的一個強大功能，允許網頁存取使用者裝置的地理位置，但需要經過使用者的同意以保護隱私，建議大家在取得使用者的地理位置前，應清楚解釋需求，並能提供如何修改瀏覽器設定，以便重新授權地理位置存取，避免日後爭議。

本章回顧

本章介紹了 Geolocation API 的基本使用方式，包括兩種主要方法：

- `getCurrentPosition()`：取得使用者當前位置。
- `watchPosition()`：持續追蹤使用者位置變化。

我們也學會了如何判斷 API 是否可用、如何處理錯誤，以及透過 `options` 參數調整精確度與效能表現。

下個章節將進一步延伸，實作一個車輛移動追蹤功能，模擬導航系統中 `marker` 的移動，讓我們實際打造出動態地圖的核心邏輯。

Chapter 05 用 Geolocation API 和 Leaflet Routing Machine 實作叫車服務功能

一分鐘概覽

本章將介紹如何結合 Geolocation API 與 Leaflet Routing Machine，打造一個模擬叫車服務的前端功能。

透過取得使用者位置、即時繪製路線與模擬車輛移動的流程，我們能掌握位置追蹤、路線規劃與互動地圖的實作方式，為開發地理定位相關應用打下基礎。

■ 瀏覽器和平台相容性

API / 套件	支援情況	備註
Geolocation API	主流桌面與行動瀏覽器皆支援	須使用 HTTPS 或 localhost 且經過使用者授權
Leaflet.js	支援	第三方 JS 套件，無平台限制
Leaflet Routing Machine	基於 Leaflet，可穩定運作	

從位置追蹤到路線導航的完整流程

在開發與地理位置相關的應用時，可以使用 Geolocation API 取得使用者當前的位置，但是 Geolocation API 僅能提供使用者的經緯度，並沒有辦法完成像路線規劃、距離計算或視覺化呈現等功能。因此，我們需要借助其它工具來補足這些功能，像是 Leaflet 與 Leaflet Routing Machine。

以下是它們分別扮演的角色：

- **Geolocation API**：用於取得即時的經緯度資訊，例如司機和使用者的當前位置。
- **Leaflet**：輕量級的地圖繪製工具，用來顯示地圖並繪製地圖上的標記與其它視覺元素。
- **Leaflet Routing Machine**：專為 Leaflet 設計的套件，用於路線規劃與導航。它可以計算兩點之間的路線，並提供距離和時間的資訊，常與 OpenStreetMap 等地圖服務搭配使用。

這三者的搭配讓我們可以實現從位置追蹤到路線導航的完整流程。例如，在叫車服務中，Geolocation API 提供即時位置，Leaflet 負責地圖呈現，而 Leaflet Routing Machine 則負責路線計算。

用 Leaflet 與 Routing Machine 建構叫車服務

以下是我們要做的叫車服務的流程與功能：

- 使用者輸入上車地址後，系統會自動計算司機從當前位置到目的地的路線，並顯示在地圖上。
- 同時，系統會預估距離和時間。
- 啟動模擬後，司機標記會沿著規劃的路線移動，並顯示距離目的地的即時距離。

❏ 載入套件

程式碼 5-1 ▶▶ 載入 Leaflet 和 Leaflet Routing Machine 的 JavaScript 和 CSS

```
01. <link rel="stylesheet" href="https://cdnjs.cloudflare.com/ajax/
    libs/leaflet/1.7.1/leaflet.css" />
02. <link rel="stylesheet" href="https://unpkg.com/leaflet-routing-
    machine@latest/dist/leaflet-routing-machine.css" />
```

```
03. <script src="https://cdnjs.cloudflare.com/ajax/libs/
    leaflet/1.7.1/leaflet.js"></script>
04. <script src="https://cdnjs.cloudflare.com/ajax/libs/leaflet-
    routing-machine/3.2.12/leaflet-routing-machine.min.js"></script>
```

❏ 宣告變數

程式碼 5-2 ▶▶ 宣告對應的變數

```
01. // 地圖實例,在頁面上顯示地圖
02. let map;
03.
04. // 使用者位置的標記,顯示使用者的當前位置
05. let userMarker;
06.
07. // 司機位置的標記,顯示司機的當前位置
08. let driverMarker;
09.
10. // 路線控制器,用於計算並在地圖上繪製路線
11. let routeControl;
12.
13. // 模擬路線移動的計時器,用於定時更新司機位置
14. let simulationInterval;
15.
16. // 儲存從起點到終點的路徑點座標
17. let routePoints = [];
18.
19. // 當前路線點的索引,用於追蹤司機移動到的路線點位置
20. let currentPointIndex = 0;
```

❏ 初始化地圖

初始化地圖並設定司機與使用者的標記位置:

- 司機預設的位置為台北市中心。
- 為司機的位置設置一個黃色車子的形象圖示,圖片來源由 Flaticon 提供（https://www.flaticon.com）。

程式碼 5-3 ▶▶ 初始化地圖的函式

```
01. function initMap() {
02.   map = L.map('map').setView([25.0330, 121.5654], 13);
      // 台北市中心
03.   L.tileLayer('https://{s}.tile.openstreetmap.org/{z}/{x}/{y}.
      png', {
04.     attribution: '© OpenStreetMap contributors',
05.   }).addTo(map);
06.   // 使用者位置
07.   userMarker = L.marker([25.0330, 121.5654]).addTo(map);
08.   // 司機位置
09.   driverMarker = L.marker([25.0330, 121.5654], {
10.     icon: L.icon({
11.       // <a href="https://www.flaticon.com/free-icons/car"
      title="car icons">Car icons created by Konkapp-Flaticon</a>
12.       iconUrl: 'car.png',
13.       iconSize: [30, 30],
14.       iconAnchor: [15, 15],
15.     }),
16.   }).addTo(map);
17. }
```

❏ 搜尋地址並計算路徑

使用 OpenStreetMap API 搜尋地址時，可以用 encodeURIComponent 來處理地址中的特殊字元，讓它能正常轉換解析如空白、逗號、引號 ... 等特殊字元。透過地址取得經緯度後，會完成以下事件：

- 更新使用者標記的位置：userMarker.setLatLng([lat, lon])
- 將地圖中心移動到使用者位置：map.setView([lat, lon], 13)
- 使用 Leaflet Routing Machine 計算司機到使用者位置的路徑：calculateRoute(lat, lon)

程式碼 5-4 ▶▶ 搜尋地址並計算路徑

```
01.  async function searchAddress() {
02.    const address = document.getElementById('addressInput').value;
03.    const response = await fetch(`https://nominatim.openstreetmap.org/search?format=json&q=${encodeURIComponent(address)}`);
04.    const data = await response.json();
05.
06.    if (data.length > 0) {
07.      const { lat, lon } = data[0];
08.      userMarker.setLatLng([lat, lon]); // 更新使用者位置
09.      map.setView([lat, lon], 13); // 重設地圖的中心點
10.      calculateRoute(lat, lon); // 計算司機到使用者位置的路徑
11.    } else {
12.      document.getElementById('status').textContent = '找不到地址，請重新輸入。';
13.    }
14.  }
```

❏ 計算司機到使用者位置的路徑

設定完上車地址後，我們會使用 Leaflet Routing Machine 套件來計算司機到上車地址之間的路徑，流程如下：

- **取得司機當前位置**：使用 `driverMarker.getLatLng()` 取得司機當前的經緯度；在模擬移動的時候，會不斷取得司機當前的經緯度以重新渲染畫面，這部分的程式碼後面會提到。

- **設定路線**：`L.Routing.control` 可以幫我們建立新的路線，並渲染到地圖上，參數介紹我會直接寫在程式碼的註解裡。

- **事件監聽**：找到路徑後會觸發 `routesfound` 事件，透過它取得路徑的距離和時間，並顯示到畫面上。

Leaflet Routing Machine 官方文件

https://www.liedman.net/leaflet-routing-machine/

關於更多 Leaflet Routing Machine 的介紹可以參考它們的官方文件，有更詳細的範例說明。

程式碼 5-5 ▶▶ 計算司機到使用者位置的路徑

```
01.  function calculateRoute(destLat, destLon) {
02.    if (routeControl) {
03.      map.removeControl(routeControl);
04.    }
05.
06.    const driverStart = driverMarker.getLatLng();
07.    routeControl = L.Routing.control({
08.      waypoints: [
09.        L.latLng(driverStart.lat, driverStart.lng),
10.        L.latLng(destLat, destLon)
11.      ],
12.      routeWhileDragging: false,    // 禁止在拖動時重新計算路徑
13.      addWaypoints: false,    // 禁止添加新的路徑點
14.      draggableWaypoints: false,    // 禁止拖動路徑點
15.      fitSelectedRoutes: true,    // 自動調整地圖視角以適應選中的路徑
16.      show: true,    // 顯示路線指示面板
17.      lineOptions: {
18.        styles: [{ color: 'blue', opacity: 0.6, weight: 4 }]
         // 設定路線的樣式
19.      }
20.    }).addTo(map);
21.
22.    // 當找到路徑時，觸發事件
23.    routeControl.on('routesfound', function (e) {
24.      routePoints = e.routes[0].coordinates;
25.      const distance = e.routes[0].summary.totalDistance / 1000;
         // 獲取總距離並轉換為公里
26.      const duration = Math.round(e.routes[0].summary.totalTime / 60);
         // 獲取總時間並轉換為分鐘
27.      document.getElementById('status').textContent = `預計距離：${distance.toFixed(2)} 公里，時間：${duration} 分鐘`;
28.    });
29.  }
```

開始模擬：模擬司機移動的過程

我準備了兩個按鈕，分別是「開始模擬」與「停止模擬」，它們是用來模擬司機沿著規劃路線移動的過程，並更新司機距離目的地的實時距離。

點選「開始模擬」按鈕後，會模擬司機沿著路線移動的過程。這個過程透過更新地圖上的標記位置以及實時顯示距離資訊來模擬司機的移動。

☐ 開始模擬 startSimulation() 主要功能

- 初始化路線點索引：使用變數 `currentPointIndex` 將當前路線的索引點初始化為 0，表示司機的起點位置。我們會利用這個索引與路線終點進行比對，判斷司機是否到達目的地。

- 設置定時器：使用 `setInterval` 每隔一秒執行一次 `moveDriver()` 函式，模擬司機在路線上的移動過程，前面提到的「我們在模擬移動的時候，會不斷取得司機當前的經緯度以重新渲染畫面」，就是 `moveDriver()` 做的事情之一，定時器會確保司機的標記位置和地圖上的距離資訊隨著時間更新。

☐ 司機移動 moveDriver() 主要功能

- 檢查是否到達目的地：

    - 將當前路線索引（`currentPointIndex`）與路線點數量（`routePoints.length`）進行比對，確保司機尚未到達終點。

    - 若索引超過或等於路線點數量，則停止模擬並顯示「模擬完成」訊息。

- 更新司機位置：

    - 從 `routePoints[currentPointIndex]` 取得當前路線點的經緯度，並使用 `driverMarker.setLatLng()` 更新司機標記在地圖上的位置。

    - 將 `currentPointIndex` 加 1，準備下一次移動至下一個路線點。

- 計算並更新距離資訊：

  - 使用 `userMarker.getLatLng()` 和 `driverMarker.getLatLng()` 分別取得乘客與司機的當前經緯度。

  - 使用 `distanceTo()` 計算兩點之間的距離，並將距離資訊更新到畫面上，提供使用者即時的位置資訊。

程式碼 5-6 ▶▶ startSimulation() 和 moveDriver() 兩個函式的實作範例

```
01. function startSimulation() {
02.   if (routePoints.length === 0) {
03.     document.getElementById('status').textContent = " 請先搜索地址並計算路線 ";
04.     return;
05.   }
06.   // 初始化路線點索引
07.   currentPointIndex = 0;
08.   // 設置定時器
09.   simulationInterval = setInterval(moveDriver, 1000);
10. }
11.
12. function moveDriver() {
13.   // 檢查是否到達目的地
14.   if (currentPointIndex >= routePoints.length) {
15.     stopSimulation();
16.     document.getElementById('status').textContent = " 模擬完成，司機已到達目的地 ";
17.     return;
18.   }
19.   // 更新司機位置
20.   const point = routePoints[currentPointIndex];
21.   driverMarker.setLatLng([point.lat, point.lng]);
22.   currentPointIndex++;
23.
24.   // 計算並更新距離資訊
25.   const userPos = userMarker.getLatLng();
26.   const driverPos = driverMarker.getLatLng();
27.   const distance = userPos.distanceTo(driverPos) / 1000;
28.   document.getElementById('status').textContent = ` 司機距離您還有 ${distance.toFixed(2)} 公里 `;
29. }
```

停止模擬

「停止模擬」的功能相較之下簡單許多,我們只需要停止 simulationInterval 計時器,並將之設為 null,防止再次誤用即可。

程式碼 5-7 ▶▶ 停止模擬

```
01.  function stopSimulation() {
02.      clearInterval(simulationInterval);
03.      simulationInterval = null;
04.  }
```

範例畫面

最後展示我們在本章完成的成果:一個簡易但功能完整的叫車服務模擬系統。

使用者可以輸入目的地,如地標:台灣大學,或是完整的地址,我們會將地址並轉為地圖座標。接著以使用者的當前位置為起點,規劃出一條最佳路徑,顯示於地圖上。

地圖上的藍色路線就是司機將行駛的預定路徑,為了提升實用性與指引,我們在畫面右方做了一個面板,清楚列出從起點到終點的每一段轉彎指示與距離資訊,這部分是由 Leaflet Routing Machine 自動產生的詳細路徑說明,也符合叫車服務中「預覽行車路線」的常見設計模式。

在行駛途中,使用者可隨時點選「停止模擬」的按鈕,來控制車輛的移動狀態。而在按鈕下方,系統也會同步顯示司機的距離等資訊,近一步模擬真實情境中,使用者等待車輛到達的即時回報。

Chapter 05 用 Geolocation API 和 Leaflet Routing Machine 實作叫車服務功能

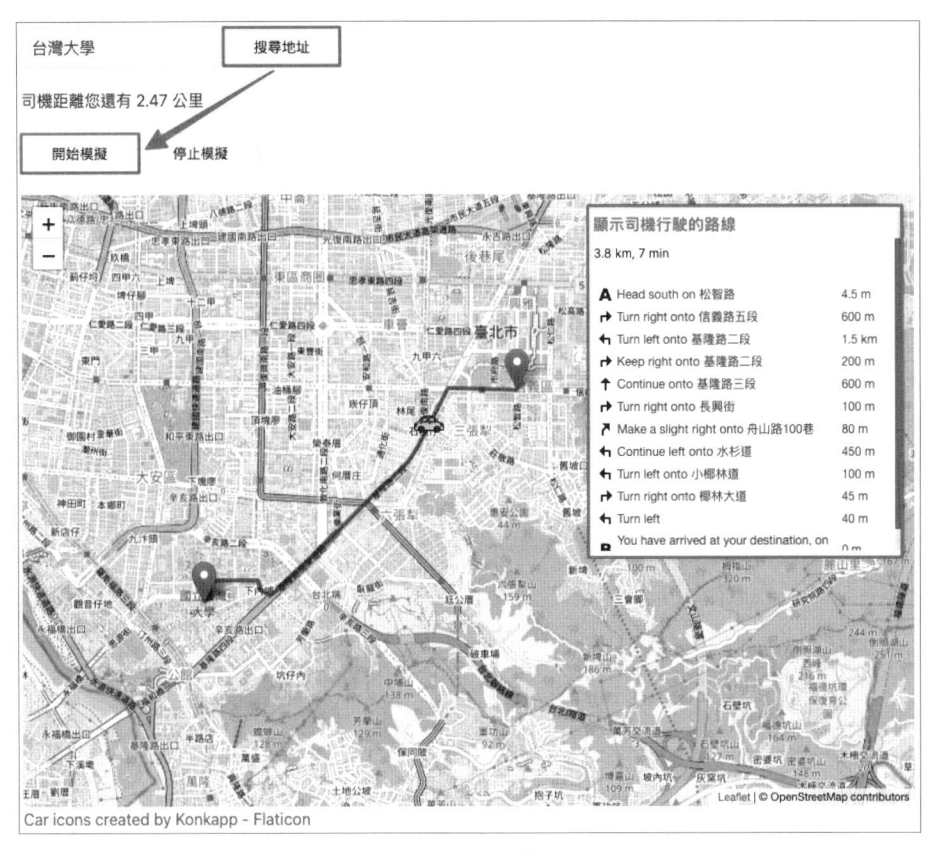

圖 5-1　範例畫面

線上範例

https://mukiwu.github.io/web-api-demo/geo-track.html

請輸入「你的目的地」並點選「搜尋地址」，這個範例不會儲存你的地址，請安心使用。

051

常見問題

Q 使用者拒絕定位會怎樣？

A 程式需實作 error callback 處理，例如顯示提醒訊息或提供手動位置輸入。

Q 車輛模擬移動會很耗效能嗎？

A 若更新頻率太高（例如每 100ms 更新一次），的確會影響效能。建議適度平衡視覺效果與裝置效能，也可以使用 requestAnimationFrame 取代 setInterval。

什麼是 requestAnimationFrame？

requestAnimationFrame 也是 Browser Web API 之一，用來在瀏覽器「下一次重繪畫面」時執行指定的 callback 函式。它的設計目的，是為了讓動畫效果更順暢，並與螢幕更新率同步。

它的運作方式類似「等瀏覽器準備好要渲染畫面時，它才會執行」。這樣就能確保動畫不會出現卡頓或過度運算的情況。

小結

做到這裡，我們已經完成一個基本的前端叫車模擬功能。雖然還沒辦法像 Uber 那樣有實際串接後端與即時叫車的完整系統，但以上練習已經涵蓋了不少關鍵技術：定位、地址搜尋、路線規劃、車輛模擬移動，甚至還有路線指引的顯示。

未來如果想做更進一步的應用，可以在這個基礎上增加功能如：串接後端位置資料、加入車隊管理，或者用 WebSocket 實現多人同步追蹤等。

本章回顧

- 了解如何透過 Leaflet 與 Routing Machine 繪製動態路徑。
- 建立一個模擬叫車服務的完整流程,包含定位、繪路、模擬移動。

Note

PART

3

裝置功能與媒體應用實作

從螢幕到影音控制,掌握裝置端資訊與媒體輸出能力

本篇學習目標

Chapter 06　使用 <audio> 打造自訂音樂播放器

Chapter 07　用 <video> 實作影音播放功能

Chapter 08　使用 Screen Capture API 取得你的螢幕畫面

Chapter 06 使用 <audio> 打造音樂播放器

一分鐘概覽

HTML5 的 <audio> 標籤讓我們可以在網頁中直接播放音訊，無需依賴外部插件或框架。不只如此，透過 JavaScript 操作 HTMLAudioElement 提供的 API，我們可以打造出一套完整的音樂播放控制功能，像是播放 / 暫停、音量調整、播放進度同步與時間顯示，甚至延伸出自訂的 UI 操作介面。

透過這些 Browser Web API 的組合，我們可以打造出外觀靈活、功能實用的客製化播放器介面，並真正掌握網頁音訊控制的核心。

■ 瀏覽器和平台相容性

瀏覽器 / 裝置	支援情況
Chrome	支援
Firefox	支援
Safari	支援
Edge	支援
行動裝置	支援

嵌入音訊檔案

我們先使用 <audio> 標籤嵌入 mp3 檔案。

程式碼 6-1 ▶▶ 嵌入 mp3 檔案

```
<audio id="myAudio" controls>
  <source src="song.mp3" type="audio/mpeg">
</audio>
```

如果瀏覽器支援 <audio>，這段程式碼就會直接顯示瀏覽器內建的播放器：

圖 6-1　瀏覽器內建播放器

客製化播放器

我們已經會用 <audio> 標籤嵌入語音檔案，接下來以製作一個音樂列表的角度，分享如何客製化預設的播放器介面。

同樣為了不模糊焦點，我先做好了播放器的框架，這邊就不放上詳細的 HTML 和 CSS 語法，如果有興趣之後可以到範例網站看完整的語法。

PART 3 裝置功能與媒體應用實作

圖 6-2 播放器的初始框架

❏ 移除預設的播放器介面

因為要客製化播放器,所以我們先移除 `<audio>` 標籤的 controls 屬性,這個屬性的作用就是顯示預設的播放器介面。程式碼 6-2 的第 12 行就是我們最後簡化的語法:`<audio id="audio" src="song.mp3"></audio>`

程式碼 6-2 ▶▶ 移除預設的播放器介面

```
01.  <!-- 原本的寫法 -->
02.  <audio id="myAudio" controls>
03.    <source src="song.mp3" type="audio/mpeg">
04.  </audio>
05.
06.  <!-- 移除預設的播放器 -->
```

058

```
07. <audio id="myAudio">
08.   <source src="song.mp3" type="audio/mpeg">
09. </audio>
10.
11. <!-- 可簡化成一行 -->
12. <audio id="audio" src="song.mp3"></audio>
```

❏ 製作音量控制與進度條

我們使用 `<input type="range">` 來完成音樂播放的音量控制和進度條。

「控制音量」和「拖拉進度條」兩個功能看起來類似，實作方式也幾乎一樣，差別只在於操作的屬性不同：

- 音量控制對應的是 `audio.volume`（數值範圍是 0 到 1）。
- 播放進度則對應 `audio.currentTime`（數值範圍會隨音樂長度變化）。

先從音量開始，新增一個 `<input type="range">` 元素，設定範圍從 0（靜音）到 1（最大音量），step 為 0.01 表示可以細緻控制。

程式碼 6-3 ▶▶ 音量控制的滑動桿畫面

```
01. <label for="volume">音量：</label>
02. <input type="range" id="volume" min="0" max="1" step="0.01"
        value="0.5">
```

程式碼 6-4 ▶▶ 使用 JavaScript 監聽滑桿的變動並即時更新音量

```
01. const audio = document.getElementById('audio');
02. const volumeEl = document.getElementById('volume');
03. volumeEl.addEventListener('input', () => {
04.   audio.volume = volumeEl.value;
05. });
```

進度條的實作邏輯和音量類似，不同的是我們要根據音樂長度動態更新進度條的 value，並在播放過程中同步畫面。首先建立進度條範圍為 0~100 的滑桿。

程式碼 6-5 ▶▶ 進度條的滑動桿畫面

```
<input type="range" id="progress" value="0" min="0" max="100">
```

接著做三件事情：

1. 使用 `loadedmetadata` 事件等音檔載入完成後，才會安全讀取 `audio.duration`。

2. 在 audio 的 `timeupdate` 事件中更新滑桿進度。

3. 當使用者拖曳滑桿時，會跳轉到對應的播放位置。

程式碼 6-6 ▶▶ 監聽音量與進度條的事件處理

```
01. const audio = document.getElementById('audio');
02. const progress = document.getElementById('progress');
03.
04. // 1. 使用 loadedmetadata 事件等音檔載入完成後，才會安全讀取
         audio.duration
05. // audio.duration 是音檔的總長度，單位是秒
06. audio.addEventListener('loadedmetadata', () => {
07.   durationEl.textContent = formatTime(audio.duration);
08. });
09.
10. // 2. 在 audio 的 timeupdate 事件中更新滑桿進度
11. audio.addEventListener('timeupdate', () => {
12.   const percent = (audio.currentTime / audio.duration) * 100;
13.   progress.value = percent || 0;
14.   currentTimeEl.textContent = formatTime(audio.currentTime);
15. });
16.
17. // 3. 當使用者拖曳滑桿時，會跳轉到對應的播放位置
18. progress.addEventListener('input', () => {
19.   audio.currentTime = audio.duration * (progress.value / 100);
20. });
```

什麼是 audio.duration？

audio.duration 是瀏覽器提供的 Web API 屬性，代表音檔或影片的「總長度」，單位是秒。我們可以用它來顯示總時長，或計算播放進度百分比。

```
console.log(audio.duration); // 可能是 242.15，表示 4 分 2 秒
```

常見錯誤：為什麼會出現 NaN？

剛載入 <audio> 時，瀏覽器還沒有解析出 metadata，這時如音樂長度、格式…等資訊還不能用，所以我們去讀取 audio.duration 就會出現 NaN。
為了解決這個問題，我們可以搭配 loadedmetadata 來使用，才能確保我們取得的是一個正確的數字，而不是 NaN。

搭配 loadedmetadata 事件取得正確數字：

```
01. audio.addEventListener('loadedmetadata', () => {
02.   durationEl.textContent = formatTime(audio.duration);
03. });
```

我們可以用 audio.duration 來做什麼？

通常會用來：

- 顯示音樂總長度：durationEl.textContent = formatTime(audio.duration);
- 計算播放進度的百分比：progress.value =(audio.currentTime / audio.duration)* 100;

用 CSS 調整滑桿樣式

我們在打造這個自訂音樂播放器時，通常會調整滑桿的樣式讓整體的質感提升，範例中我使用了 TailWind CSS CDN 做樣式的調整，而 TailWind CSS 也有支援滑桿的長度、顏色等效果。

程式碼 6-7 ▶▶ 使用 TailWind CSS 製作樣式

```
01. <input
02.   type="range"
03.   class="w-64 h-1 appearance-none bg-gray-300 accent-emerald-500"
04. />
```

程式碼 6-7 的第 3 行，使用到的樣式包含：

- `w-64` 滑桿寬度
- `h-1` 滑桿高度
- `bg-gray-300` 滑桿底色
- `accent-emerald-500` 滑桿拖曳點（thumb）的主色

圖 6-3　使用 Tailwind CSS 簡單設定後的滑桿樣式

不過 Tailwind CSS 針對 `input[type="range"]` 的樣式控制仍有一定限制，如果想要進一步客製化滑桿的外觀（例如 thumb 大小、動畫…等），可以用原生 CSS 寫法來進行微調。首先需要針對不同瀏覽器的偽元素進行設定：

程式碼 6-8 ▶▶ 使用原生 CSS 客製化滑桿樣式

```
01. <style>
02. /* 拖曳點樣式：Webkit */
03. input[type="range"]::-webkit-slider-thumb {
04.   -webkit-appearance: none;
05.   appearance: none;
06.   width: 16px;
07.   height: 16px;
08.   border-radius: 50%;
09.   background-color: #269181;
10.   border: 2px solid white;
11.   box-shadow: 0 0 4px rgba(0, 0, 0, 0.2);
12.   margin-top: -5px; /* 對齊軌道 */
```

```
13.     transition: transform 0.2s ease;
14. }
15. input[type="range"]::-webkit-slider-thumb:hover {
16.     transform: scale(1.2);
17. }
18.
19. /* 拖曳點樣式：Firefox */
20. input[type="range"]::-moz-range-thumb {
21.     width: 16px;
22.     height: 16px;
23.     border-radius: 50%;
24.     background-color: #269181;
25.     border: 2px solid white;
26.     box-shadow: 0 0 4px rgba(0, 0, 0, 0.2);
27.     transition: transform 0.2s ease;
28. }
29.
30. input[type="range"]::-moz-range-thumb:hover {
31.     transform: scale(1.2);
32. }
33. </style>
```

現在滑鼠移到拖曳點上會有放大效果，大家可以掃描章節末的 QR Code 圖片打開範例觀看效果。

建立音樂播放控制功能

除了基本的播放與暫停功能之外，音樂播放器中常見的控制項還包含「上一首」與「下一首」按鈕，讓使用者能輕鬆切換曲目。本節我們會實作這些播放控制功能，從最基本的播放切換，到串接整個播放清單的前後首功能。

❏ 打造播放與暫停按鈕

為了讓介面更符合我們的網站設計，可以用 JavaScript 來控制播放與暫停，建立自己的播放控制介面。

程式碼 6-9 ▶▶ 製作播放與暫停的功能

```
01.  <div class="controls">
02.    <button id="playButton">播放</button>
03.    <button id="pauseButton">暫停</button>
04.  </div>
05.
06.  <audio id="myAudio">
07.    <source src="podcast.mp3" type="audio/mpeg">
08.  </audio>
09.  <script>
10.    const playButton = document.getElementById('playButton');
11.    const pauseButton = document.getElementById('pauseButton');
12.    const myAudio = document.getElementById('myAudio');
13.    playButton.addEventListener('click', () => myAudio.play());
14.    pauseButton.addEventListener('click', () => myAudio.pause());
15.  </script>
```

❏ 上一首與下一首按鈕

如果我們有一個播放清單，使用者一定希望可以切換前一首或下一首曲目。要實作播放清單，需要建立 tracks 陣列來管理所有音樂的資訊，再透過按鈕操作 prev() 和 next() 函式來更新播放的曲目。

程式碼 6-10 ▶▶ 播放列表的 HTML 結構

```
01.  <div class="controls">
02.    <button onclick="prev()">上一首</button>
03.    <button onclick="togglePlay()" id="playBtn">播放</button>
04.    <button onclick="next()">下一首</button>
05.  </div>
06.
07.  <audio id="audio"></audio>
```

我將原本做好的 HTML 播放列表，改用陣列的方式存在 tracks 裡，讓整體架構更清楚、可擴充性更高。每個音樂項目包含標題與檔案來源，並透過函式控制切換曲目與播放狀態。

程式碼 6-11 ▶▶ 切換曲目與播放狀態

```
01.  // 音樂曲目陣列，包含標題與音檔路徑
02.  const tracks = [
03.    {
04.      title: " 曲目一 ",
05.      src: "track1.mp3"
06.    },
07.    {
08.      title: " 曲目二 ",
09.      src: "track2.mp3"
10.    },
11.    {
12.      title: " 曲目三 ",
13.      src: "track3.mp3"
14.    }
15.  ];
16.
17.  // 目前播放曲目的索引值
18.  let currentIndex = 0;
19.  const audio = document.getElementById('audio');
20.  const playBtn = document.getElementById('playBtn');
21.
22.  // 載入指定的曲目，並自動播放
23.  function loadTrack(index) {
24.    const track = tracks[index];
25.    audio.src = track.src;
26.    audio.load();
27.    audio.play();
28.    playBtn.textContent = " 暫停 ";
29.  }
30.
31.  // 切換播放與暫停狀態
32.  function togglePlay() {
33.    if (audio.paused) {
34.      audio.play();
35.      playBtn.textContent = " 暫停 ";
36.    } else {
37.      audio.pause();
38.      playBtn.textContent = " 播放 ";
39.    }
40.  }
41.
42.  // 播放上一首曲目，並更新 index 索引
43.  function prev() {
```

```
44.    currentIndex = (currentIndex - 1 + tracks.length) % tracks.length;
45.    loadTrack(currentIndex);
46. }
47.
48. // 播放下一首曲目,並更新 index 索引
49. function next() {
50.    currentIndex = (currentIndex + 1) % tracks.length;
51.    loadTrack(currentIndex);
52. }
53.
54. // 初始化第一首曲目
55. loadTrack(currentIndex);
```

我們已經客製化了播放器樣式,也增加了音量控制的進度條,還有加入播放、暫停、上一首,以及下一首的按鈕,來看看最後的成果吧:

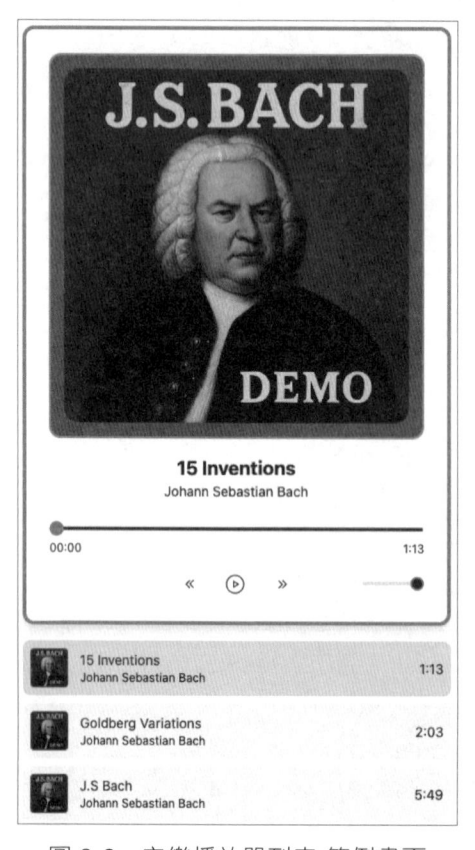

圖 6-3　音樂播放器列表 範例畫面

線上範例

https://mukiwu.github.io/web-api-demo/audio.html

未來也可以再進一步優化與擴充，例如：

- 加入播放清單與點選切換曲目，讓使用者自由挑選想聽的內容。
- 播放中曲目的視覺設計，讓使用者知道目前播放的曲目是什麼。
- 自動更新封面圖、標題與演出者資訊。

進階播放狀態切換，像是「播放中 icon 自動變更」、「循環播放」、「播放完自動切下一首」等等。

實作小技巧

- 影片尚未載入完成前存取 `.duration` 等屬性，會得到 NaN。
- 不要過度依賴 `.play()`（回傳立即播放），瀏覽器可能因自動播放政策而拒絕執行，建議使用 `try { await video.play(); } catch (e) { ... }`。
- 若需進一步的音訊處理與視覺化，可搭配 **Web Audio API**。

常見問題

Q 我要怎麼知道影片播到第幾秒？

A 可以使用 `video.currentTime` 來即時取得目前播放進度，並搭配 `timeupdate` 事件監聽播放狀態變化。

Q 影片可以自動播放嗎？

A 瀏覽器為避免干擾用戶，通常只允許無聲影片自動播放。有聲影片需使用者互動後才可播放。

Q 影片是否可支援全螢幕？

A 可以，透過 requestFullscreen() 可將影片全螢幕播放，但需由使用者觸發。

小結

透過這些功能的整合，我們已經完成了一個具有實用價值、且可擴充的音樂播放器原型。未來也可參考我前述提到的，可以再進一步擴充與優化，製作一個專屬於自己的音樂播放器。

本章回顧

本章我們以 HTML5 的 <audio> 標籤為基礎，實作出一個能夠播放音訊、調整音量、控制播放進度，並具備自訂介面的簡易音樂播放器，並依序完成了：

- 使用 <audio> 標籤播放音訊檔案。
- 自訂播放／暫停按鈕並切換播放狀態。
- 建立音量控制與進度滑桿。
- 使用 CSS 客製滑桿外觀與互動動畫。
- 加入上一首與下一首的播放邏輯。

Chapter 07 用 \<video\> 實作影音播放功能

> **一分鐘概覽**
>
> 除了基本的播放控制與字幕顯示外，Video API 還提供了許多事件與屬性，讓我們能夠打造互動式的影片體驗。透過監聽影片播放進度（timeupdate）與結束事件（ended），我們可以讓影片不只是被動播放，而是能根據時間點出現提示、互動或導向行為，這也是許多線上學習平台、互動教學影片常用的技巧。

Video 標籤的基本功能

\<video\> 的基本功能和 \<audio\> 類似，都是用來控制影片的播放、暫停、跳轉時間，調整音量等等。

❏ 播放、暫停、跳轉與音量控制

- 使用 video.play() / video.pause() 控制播放狀態
- 透過 currentTime 實現跳轉播放位置
- 使用 volume 與 muted 調整音量或靜音

程式碼 7-1 ▶▶ 播放、暫停、跳轉與控制音量

```
01. <video src="video.mp4" controls></video>
02. <script>
03.     const video = document.querySelector('video');
04.     video.play();   // 播放
05.     video.pause();  // 暫停
```

```
06.    video.currentTime = 30;    // 跳轉到第 30 秒
07.    video.volume = 0.5;        // 設定音量為 50%
08.    video.muted = true;        // 一鍵靜音
09. </script>
```

初始化與動態切換影片

使用 `.src` 和 `.load()` 切換播放的影片來源。

程式碼 7-2 ▶▶ 切換影片的來源

```
01. video.src = 'new-video.mp4';
02. video.load(); // 載入新影片
```

顯示影片字幕

字幕是影片不可或缺的重要功能，`<vudio>` 標籤目前接受的格式是 WebVTT（Web Video Text Tracks Format），副檔名為 .vtt。我們會使用 `<track>` 來設定字幕檔案位置，另外要特別注意的是，字幕檔案的編碼必須為 UTF-8。

VTT 字幕檔案結構

VVT 檔案第 1 行必須寫 WEBVTT，表示這是一個 Web Video Text Tracks 的檔案。以下是一個字幕檔範例：

程式碼 7-3 ▶▶ VTT 字幕檔範例

```
01. WEBVTT
02.
03. 00:00:00.000 --> 00:00:02.000
04. 你好，
05.
06. 00:00:02.500 --> 00:00:05.000
07. 我是 MUKI。
08. 很高興認識你。
```

與字幕有關的 block 是由三個部分組成：時間戳，字幕內容和空行：

- **時間戳格式**：開始時間 ---> 結束時間。
- **時間格式**：小時 : 分鐘 : 秒 . 毫秒，例如 `00:00:02.500` 表示 2.5 秒。

字幕內容可以是單行，也可以是多行；它支援基本的 HTML 標記，例如 `<b>`、`<i>`；且字幕與字幕之間要斷行來做區隔。

我們原本是用 `<video>` 標籤與 `src` 屬性載入影片檔，但如果要在影片裡加入字幕檔，要調整為：

- 用 `<source>` 標籤載入影片檔，參考程式碼 7-4 第 2 行。
- 使用 `<track>` 標籤載入字幕檔案，參考程式碼 7-4 第 3 行。

程式碼 7-4 ▶▶ 載入影片與字幕檔案

```
01. <video controls>
02.   <source src="video.mp4" type="video/mp4">
03.   <track kind="subtitles" src="subtitles.vtt" srclang="en" label="English" default>
04. </video>
```

■ `<track>` 屬性介紹

屬性	介紹
`kind="subtitles"`	表示這是字幕軌
`src="subtitles.vtt"`	字幕檔案的位置
`srclang="en"`	字幕檔案的語言
`label="English"`	在影片播放器的字幕選單中顯示的標籤
`default`	字幕默認開啟

❏ 修改字幕樣式

我們也能寫 CSS 以調整字幕的樣式，CSS 樣式必須寫在 WEBVTT 段落的後面以及所有字幕 block 的前面。

程式碼 7-5 ▶▶ 使用 CSS 調整字幕樣式

```
01. WEBVTT
02.
03. STYLE
04. ::cue {
05.   color: #ABCDEF;
06. }
07.
08. 00:00:00.000 --> 00:00:02.000
09. 你好，
10.
11. 00:00:02.500 --> 00:00:05.000
12. 我是 MUKI。
13. 很高興認識你。
```

打開影片後，就能看到字幕的顏色改為 #ABCDEF：

圖 7-1　透過 CSS 修改字幕的顏色

我們也可以讓每段字幕的顏色都不一樣，只要加入 HTML 標籤（如 `<c>`、`<i>`、`<b>`、`<u>`、`<ruby>`、`<rt>`、`<v>` 和 `<lang>`）就能調整樣式。

程式碼 7-6 ▶▶ 使用 HTML 標籤調整樣式

```
01.  WEBVTT
02.
03.  STYLE
04.  ::cue {
05.    color: #ABCDEF;
06.  }
07.
08.  STYLE
09.  ::cue(b) {
10.    color: #D40000;
11.  }
12.
13.  00:00:00.000 --> 00:00:02.000
14.  <b>你好，</b>
15.
16.  00:00:02.500 --> 00:00:05.000
17.  我是 MUKI。
18.  很高興認識你。
```

在程式碼 7-6 第 14 行加入 `<b>` 標籤，並在第 9 行為 `<b>` 標籤單獨指定文字顏色，此時字幕的「你好」兩個字就會變成紅色：

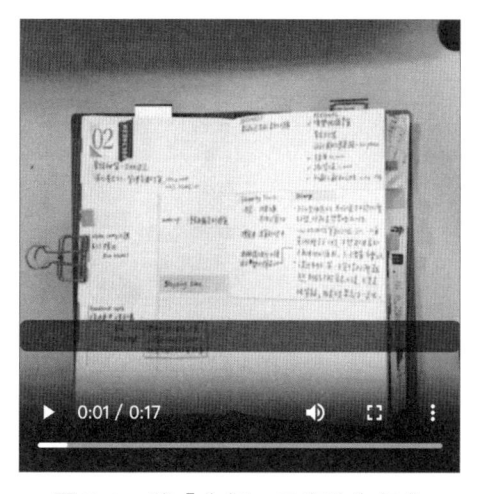

圖 7-2　將「你好」二字改為紅色

❏ 製作多語系的字幕檔

我們也可以製作多語系的字幕檔,先準備好中文和英文兩個字幕檔。

程式碼 7-7 ▶▶ 中文字幕檔 subtitle-zh.vtt

```
01. WEBVTT
02.
03. STYLE
04. ::cue {
05.    color: #ABCDEF;
06. }
07.
08. STYLE
09. ::cue(b) {
10.    color: #D40000;
11. }
12.
13. 00:00:00.000 --> 00:00:02.000
14. <b>你好,</b>
15.
16. 00:00:02.500 --> 00:00:05.000
17. 我是 MUKI。
18. 很高興認識你。
```

程式碼 7-8 ▶▶ 英文字幕檔 subtitle-en.vtt

```
01. WEBVTT
02.
03. STYLE
04. ::cue {
05.    color: #ABCDEF;
06. }
07.
08. STYLE
09. ::cue(b) {
10.    color: #D40000;
11. }
12.
13. 00:00:00.000 --> 00:00:02.000
```

```
14. <b>Hello,</b>
15.
16. 00:00:02.500 --> 00:00:05.000
17. I am MUKI, Nice to meet you.
```

還記得我們要如何載入字幕檔嗎？要使用 `<track>` 這個標籤，現在有兩個字幕檔，所以要使用兩個 `<track>` 標籤分別載入檔案，並設定字幕檔的位置以及讓使用者識別的選取文字（label）。

程式碼 7-9 ▶▶ 載入兩個字幕檔並做對應設定

```
01. <video controls>
02.     <source src="video.mp4" type="video/mp4">
03.     <track kind="subtitles" src="subtitle-en.vtt" srclang="en"
        label="English">
04.     <track kind="subtitles" src="subtitle-zh.vtt" srclang="zh"
        label=" 中文 ">
05. </video>
```

載入影片後，點選右下角的「：」，就能選擇字幕了，選單文字就是在程式碼 7-9 點 `label` 屬性中設定的。

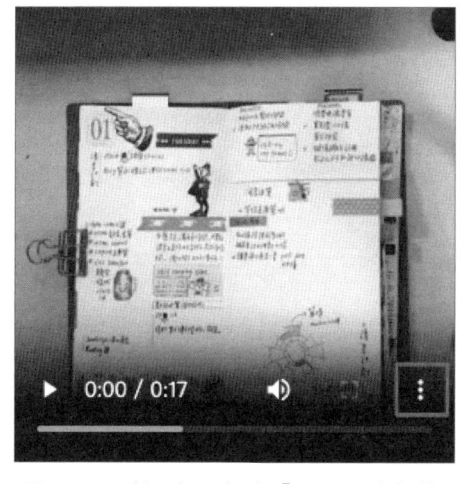

圖 7-3　點選右下角的「：」開啟字幕　　圖 7-4　選擇不同語系的字幕

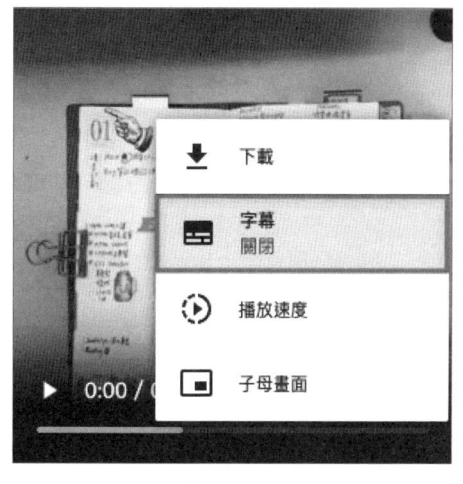

自訂子母畫面

大家有用過子母畫面（picture-in-picture）看過影片嗎？當我們觀看影片時，如果切換到其它分頁，此時就會啟動子母畫面的功能，將影片縮小在畫面角落，我們就可以瀏覽分頁的同時，還可以繼續觀看影片。

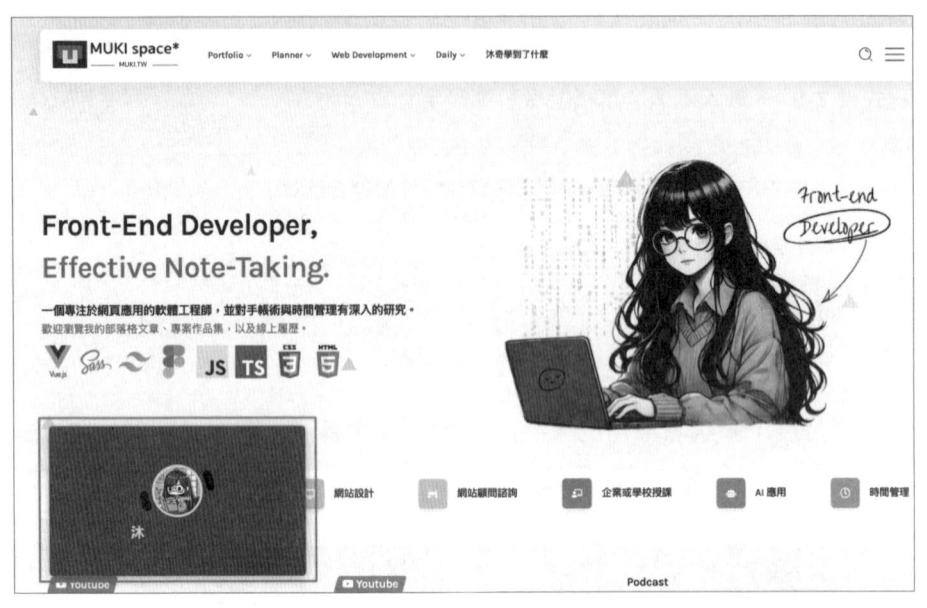

圖 7-5　當前分頁的左下角有一個縮小的影片，這就是子母畫面

程式碼 7-10 ▶▶ 設定子母畫面

```
01.  <!-- 開關子母畫面的按鈕 -->
02.  <button id="pipButton">子母畫面</button>
03.  <script>
04.  // 切換子母畫面
05.  async function togglePiP() {
06.    try {
07.      if (video !== document.pictureInPictureElement) {
08.        await video.requestPictureInPicture();
09.      } else {
10.        await document.exitPictureInPicture();
11.      }
```

```
12.      } catch (error) {
13.        console.error(error);
14.      }
15.  }
16.
17.  pipButton.addEventListener('click', togglePiP);
18.  </script>
```

處理影片緩衝與播放狀態

如果影片檔案太大或網路不穩，在播放影片時就斷斷續續的影響體驗。碰到這樣的狀況，我們可以使用緩衝事件 waiting 和 canplay，來提升影片播放的流暢度。

程式碼 7-10 ▶▶ 處理影片緩衝

```
01.  video.addEventListener('waiting', () => {
02.    console.log(' 緩衝中 ...');
03.  });
04.
05.  video.addEventListener('canplay', () => {
06.    console.log(' 可以播放 ');
07.  });
08.
09.  // 檢查緩衝進度
10.  setInterval(() => {
11.    const buffered = video.buffered;
12.    if (buffered.length > 0) {
13.      const bufferedEnd = buffered.end(buffered.length - 1);
14.      console.log(` 已緩衝 ${bufferedEnd} 秒 `);
15.    }
16.  }, 1000);
```

也可以利用緩衝的秒數來製作進度條，讓使用者知道目前影片緩衝的狀況。

```
15:09:13.528 可以播放
15:09:13.528 已緩衝 16.494 秒
```

圖 7-6　顯示緩衝秒數

根據時間點加入互動提示

影片播放時，我們可以根據 `timeupdate` 事件以及 `video.currentTime` 來「控制某個時間點出現什麼畫面或互動提示」，有點類似在瀏覽外文影片時，會在特定的時間點 highlight 對應的字幕。

當影片播放到第 5 秒或第 10 秒時，會顯示 `dl` 清單中的對應內容，並加入 CSS 樣式 `.highlight`，超出這些時間後，會移除所有的高亮效果。

程式碼 7-11 ▶▶ 根據時間點加入互動提示

```
01.  <style>
02.  .highlight {
03.    background-color: #ffff99;
04.  }
05.  </style>
06.
07.  <video id="video" width="300" controls class="uk-margin uk-width-1-1">
08.    <source src="video.mp4" type="video/mp4">
09.  </video>
10.
11.  <dl id="hint" class="uk-description-list">
12.    <dt id="hint-5">第五秒 </dt>
13.    <dd id="content-5"> 我是第五秒的內容 </dd>
14.    <dt id="hint-10">第十秒 </dt>
15.    <dd id="content-10"> 我是第十秒的內容 </dd>
16.  </dl>
17.
18.  <script>
19.  video.addEventListener('timeupdate', () => {
20.    // 第五秒時顯示提示並高亮第一組內容
21.    if (video.currentTime >= 5 && video.currentTime < 6) {
22.      hint.style.display = 'block';
23.      document.getElementById('hint-5').classList.add('highlight');
24.      document.getElementById('content-5').classList.add('highlight');
25.    }
26.    // 第十秒時高亮第二組內容
27.    else if (video.currentTime >= 10 && video.currentTime < 11) {
28.      hint.style.display = 'block';
29.      document.getElementById('hint-10').classList.add('highlight');
```

```
30.     document.getElementById('content-10').classList.add('highlight');
31.   }
32.   // 其它時間移除所有高亮
33.   else {
34.     document.getElementById('hint-5').classList.remove('highlight');
35.     document.getElementById('content-5').classList.remove('highlight');
36.     document.getElementById('hint-10').classList.remove('highlight');
37.     document.getElementById('content-10').classList.remove('highlight');
38.   }
39. });
40. </script>
```

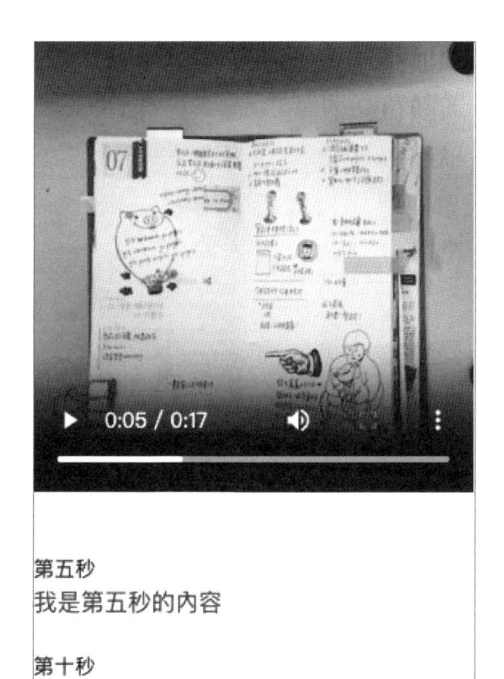

圖 7-7　播放到第五秒時，對應的文字會有高亮效果

影片播放完畢後觸發其它動作

除了在播放過程中使用 timeupdate 事件互動外，我們也可以監聽 ended 事件，在影片結束後設計下一步動作：

```
01. // 監聽 ended 事件，在影片結束後執行某些動作
02. video.addEventListener('ended', () => {
03.   console.log(' 影片結束 ');
04. });
```

這樣的設計非常常見於線上課程或互動影片，例如在影片結束時顯示問卷連結、推薦下一部影片，或提醒使用者留下回饋。

線上範例

https://mukiwu.github.io/web-api-demo/video.html

常見問題

Q 為什麼我加了 video.currentTime >= 30，提示還是出現好幾次？

A timeupdate 是會重複觸發的事件，所以通常會搭配布林變數做判斷，確保提示只出現一次。

Q 影片已經播到結尾，ended 事件卻沒有反應？

A 請確認影片完整播完（非手動暫停或中斷），且沒有設置 loop 或在 timeupdate 中提前修改播放位置。

小結

我們透過 <video> 元素與相關 API 的實作，展示了影片在網頁中不僅具備播放功能，更能與使用者進行互動。章節內容包含控制邏輯與使用者介面調整，並進一步延伸到字幕設定、子母畫面模式、緩衝處理與時間同步應用。

這些內容可以幫助大家建立設計影音互動的基礎能力，未來也可以在教育、產品展示、內容平台等服務中發揮作用。

本章回顧

本章從 <video> 的基本播放控制出發，逐步實作了：

- 播放、暫停、跳轉與音量控制。
- 使用 <track> 標籤搭配 .vtt 檔案整合多語系字幕。
- 使用 .requestPictureInPicture() 開啟子母畫面功能（Picture-in-Picture）。
- 影片緩衝事件 waiting，canplay 介紹。
- 搭配 timeupdate 事件與 currentTime 實作時間同步提示。
- 監聽 ended 事件，在影片結束後執行後續動作。

Chapter 08 使用 Screen Capture API 取得你的螢幕畫面

一分鐘概覽

Screen Capture API 讓我們能夠在網頁上擷取並顯示使用者的螢幕畫面，包括整個桌面、指定應用程式視窗，或特定的瀏覽器分頁。透過 getDisplayMedia() 方法並取得授權後，可將串流畫面輸出至 <video> 元素，並進一步應用於動畫效果或畫面錄製等功能。

■ 瀏覽器與平台相容性

瀏覽器	getDisplayMedia()
Chrome	支援
Edge	支援
Firefox	支援
Safari	支援
Mobile 瀏覽器	不支援

Screen Capture API 可以讓我們在網頁中擷取並顯示使用者的螢幕畫面，不論是整個桌面、特定應用程式視窗，或是單一瀏覽器分頁，只要使用者授權，我們就能進行顯示、錄影與分享，就像平常在使用 Google Meet 或 Zoom 的「分享螢幕」功能一樣。

擷取螢幕畫面

我們在 HTML 放上按鈕與 `<video>` 標籤：

程式碼 8-1 ▶▶ 截取螢幕畫面的 HTML 結構

```
01. <button id="startCapture">取得螢幕</button>
02. <video id="screenVideo" controls autoplay></video>
```

當使用者點擊「取得螢幕」的按鈕時，我們會使用 `navigator.mediaDevices.getDisplayMedia()` 方法來請求螢幕串流。這個方法會接受一個設定物件，常見的參數是 video 和 audio。

程式碼 8-2 ▶▶ `getDisplayMedia()` 常見參數

```
01. getDisplayMedia({
02.   video: true,   // 擷取畫面
03.   audio: false   // 不擷取聲音
04. });
```

現在當使用者點擊 `startCapture` 按鈕時，會觸發 `startScreenCapture()` 函式，該函式會透過 `navigator.mediaDevices.getDisplayMedia()` 取得使用者授權的螢幕畫面，並將取得的串流畫面指定給 `<video>` 元素的 `srcObject`，以便即時顯示在網頁上。

程式碼 8-3 ▶▶ 點擊按鈕後取得使用者的螢幕畫面

```
01. document.getElementById('startCapture').addEventListener('click',
    startScreenCapture);
02.
03. async function startScreenCapture() {
04.   try {
05.     const videoElement = document.getElementById('screenVideo');
06.     // 擷取螢幕畫面
07.     const screenStream = await navigator.mediaDevices.
    getDisplayMedia({
08.       video: true
09.     });
```

```
10.      // 將串流顯示在 video 元素中
11.      videoElement.srcObject = screenStream;
12.    } catch (error) {
13.      console.error("螢幕擷取失敗:", error);
14.    }
15. }
```

使用者按下按鈕後，瀏覽器會跳出一個視窗，讓使用者選擇要分享的畫面來源：

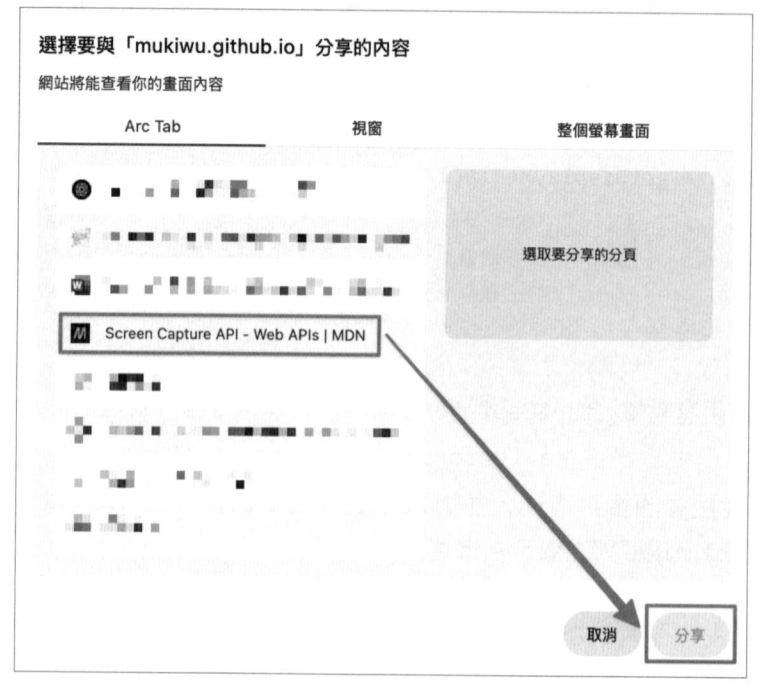

圖 8-1　選擇要分享的畫面

一旦選定畫面，網站就會即時呈現分享內容，並隨著你在原視窗的操作即時更新：

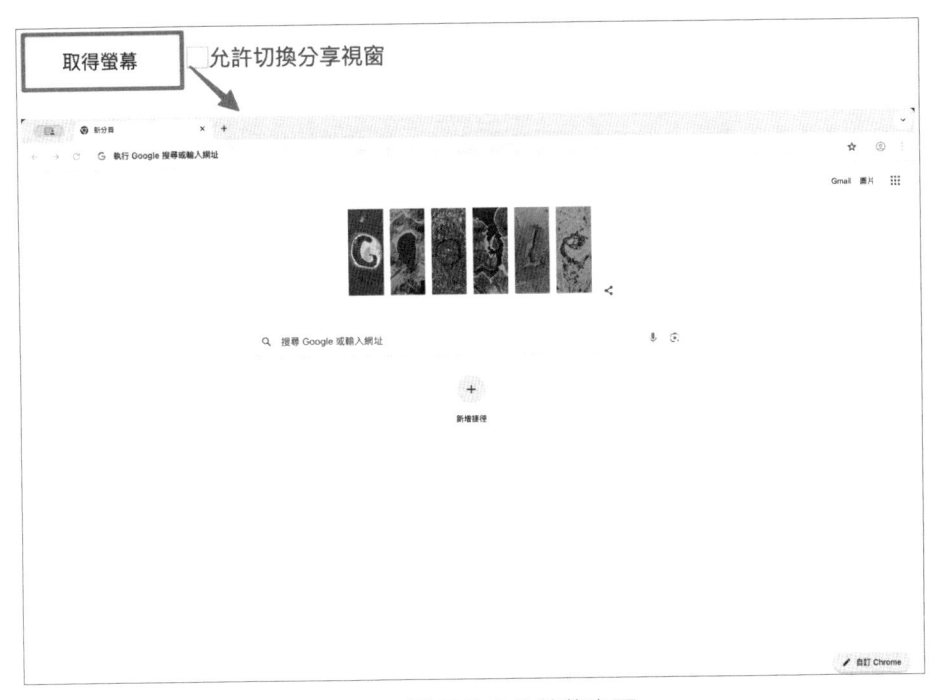

圖 8-2　顯示分享的螢幕畫面

擷取聲音

程式碼 8-3 的範例是單純擷取畫面，但我們可能也需要一併擷取畫面裡的聲音（像是播放 YouTube、會議錄音等），這時可以把 audio 參數設為 true。

程式碼 8-4 ▶▶ 打開擷取聲音的功能

```
01. const screenStream = await navigator.mediaDevices.getDisplayMedia({
02.   video: true,
03.   audio: true
04. });
```

> **TIPS**
> 有些作業系統預設不支援擷取系統音訊，瀏覽器也可能會有不同的限制，使用上要多留意。

085

偵測分享狀態

在實際應用中，有一個很常見的需求是：要如何知道使用者按了停止分享？

每一個螢幕串流的 videoTrack 都可以監聽 onended 事件，我們可以加上一行監聽，就能在畫面被關閉時做一些處理，例如顯示提示、清空畫面等。

程式碼 8-5 ▶▶ 監聽 onended 事件

```
01.  const track = screenStream.getVideoTracks()[0];
02.  track.onended = () => {
03.    console.log("使用者已停止分享畫面");
04.    document.getElementById('screenVideo').srcObject = null;
05.    // 這裡可以加上畫面清除或 UI 更新的動作
06.  };
```

很多使用者會直接在瀏覽器上方點「停止分享」，如果沒有對應的提示，整個畫面就會瞬間斷掉，看起來會不太友善，如果可以在監聽實作一些處理，相信能大大改善使用者體驗。

怎麼手動停止分享？

根據不同的瀏覽器，會有不同的方法：

- **Chrome / Edge**：畫面會出現提示條，顯示「正在共用視窗」的訊息，並有「停止停止共用」的按鈕（如果用的是分頁分享，提示可能會出現在分頁上方）。

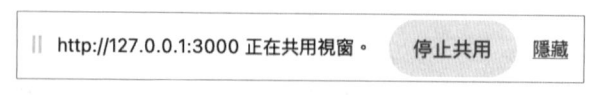

圖 8-3　分享畫面會出現的提示

- **Firefox / Safari**：支援度不穩定，部分版本甚至不會顯示提示條，我們可以做一個停止分享的功能。

❏ 製作停止分享功能

透過 `getDisplayMedia()` 取得螢幕串流後，會拿到一個 MediaStream，其中包含所有畫面的軌道（track），我們可以手動停止這些軌道。

程式碼 8-6 ▶▶ 停止分享的方法

```
01. // 停止分享
02. const stream = videoElement.srcObject;
03. const tracks = stream.getTracks();
04. tracks.forEach(track => track.stop());
```

知道停止分享的方法後，我們來實作「停止螢幕分享」的功能。當使用者點擊 `<button id="stopCapture">` 時，會觸發 `stopScreenCapture()` 函式，將 `<video>` 中的螢幕串流停止，並清除畫面顯示。

程式碼 8-7 ▶▶ 停止螢幕分享

```
01. <button id="stopCapture">停止分享</button>
02.
03. <script>
04. document.getElementById('stopCapture').addEventListener('click',
    stopScreenCapture);
05.
06. async function stopScreenCapture() {
07.   // 取得目前 video 中的串流物件
08.   const stream = document.getElementById('screenVideo').srcObject;
09.   if (stream) {
10.     // 停止所有串流中的軌道 ( 例如視訊或音訊 )
11.     stream.getTracks().forEach(track => track.stop());
12.     // 清除 video 元素中的串流畫面
13.     document.getElementById('screenVideo').srcObject = null;
14.   }
15. }
16. </script>
```

> **線上範例**
>
> https://mukiwu.github.io/web-api-demo/screen-capture.html

常見問題

Q 為什麼點「取得螢幕畫面」沒反應？

> **A** 使用者可能按了「取消」或是瀏覽器封鎖了畫面擷取權限。請確認有允許分享畫面，且網站使用的是 HTTPS。

Q 我已經寫了 `stopScreenCapture()` 來停止畫面分享，還需要再加上 `track.onended` 嗎？它們有什麼不同？

> **A**
> - `stopScreenCapture()` 是我們主動控制分享中止的情境，例如使用者點了介面上的「停止分享」按鈕時，由我們寫程式來停止串流。
> - `track.onended` 則是用來偵測使用者自己手動結束分享的情況，例如它按了瀏覽器提示的「停止共用」，或關閉了來源視窗。這些行為我們無法攔截，但透過這個事件我們可以知道發生了什麼事，並做對應處理（像是清空畫面、顯示提示 ... 等）。
>
> 簡單來說，一個是透過程式關閉，一個是監聽關閉，兩者一起使用可以讓使用者體驗更完善。

小結

Screen Capture API 提供了直觀又實用的方式,讓我們可以直接在瀏覽器中擷取螢幕畫面,無需額外安裝工具或套件。從基本的畫面擷取,到進一步擷取聲音、偵測分享結束狀態、提供主動停止分享的控制,這些功能都能依實際需求彈性組合,打造出符合情境的設計。

本章回顧

我們介紹了如何使用 Screen Capture API 實作網頁畫面擷取功能,從最基本的「取得螢幕畫面」開始,逐步擴充到:

- **擷取聲音**:設定 `audio: true`,若瀏覽器或系統支援,就能一併取得使用者分享來源中的聲音。
- **偵測分享狀態**:透過 `onended` 事件監聽,可以即時掌握使用者是否中止分享。
- **手動停止分享**:使用 `getTracks().forEach(track => track.stop())` 主動終止分享,並清空畫面,補足使用者找不到「停止分享」按鈕的情境。

Note

PART

4

網頁介面操作與互動

實作拖曳、瀏覽記錄與全螢幕切換，打造豐富的使用者互動體驗

本篇學習目標

Chapter 09　用 Drag and Drop API 拖曳網頁元素

Chapter 10　認識 History API：SPA 的關鍵技術之一

Chapter 11　探索 Fullscreen API：從基礎到應用場景

Chapter 09 用 Drag and Drop API 拖曳網頁元素

一分鐘概覽

Drag and Drop API 是 HTML5 提供的原生功能,讓我們能夠實現拖曳、放置、拖放資料等互動效果。透過這個 API,我們可以做出像任務排序、圖片上傳、元件布局等動態操作介面。

■ 瀏覽器和平台相容性

瀏覽器 / 裝置	支援情況	備註
Chrome	支援	
Firefox	支援	
Safari	支援	
Edge	支援	
Chrome (Android)	部分支援	僅支援基本的拖放行為
Safari (iOS)	不支援	

Drag and Drop API 介紹

Drag and Drop API 是一個強大的工具,具有以下優勢:

- **原生支援**:作為瀏覽器內建的 Web API,無需額外安裝 JavaScript 套件。

- **效能優異**：由於 API 是內建的，其效能通常比第三方套件更好。
- **跨應用程式的兼容性**：允許網頁與桌面應用之間進行無縫拖放操作。

透過該 API，我們可以定義哪些元素可以被拖動、在哪些區域放置，並精確控制拖放過程中的每一步，滿足不同的應用場景需求。

如何實現拖放功能？

❏ 設定可拖動的元素

HTML 所有的標籤元素預設都是不可拖曳的，所以我們要先將 draggable 屬性設為 true，讓它變成可拖曳的元素。

程式碼 9-1 ▶▶ 指定可拖曳的元素

```
<div id="draggable-item" draggable="true"> 可以拖動的元素 </div>
```

❏ 監聽 dragstart 事件

使用者開始拖動元素後，就會觸發 dragstart 事件，我們透過監聽 #draggable-item 的 dragstart 事件，並在事件處理函式中使用 event.dataTransfer.setData() 方法，將被拖曳元素的 id 存入拖曳資料中。這樣做可以讓拖曳目標在放下時被辨識與使用，例如在 drop 事件中還原或移動該元素。

程式碼 9-2 ▶▶ 監聽 dragstart 事件並取得拖曳元素的 id

```
01. const draggableItem = document.getElementById('draggable-item');
02.
03. draggableItem.addEventListener('dragstart', (event) => {
04.     // 將被拖曳元素的 id 存入拖曳資料中，格式為純文字
05.     event.dataTransfer.setData('text/plain', event.target.id);
06. });
```

可以在網站上按住元素進行拖曳，也能在 console 面板看到相關的資訊。

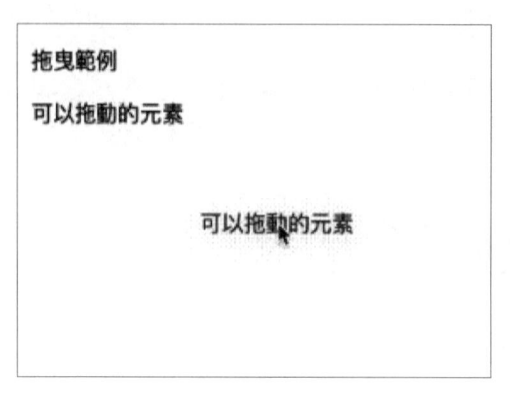

圖 9-1　按住元素進行拖曳

❏ 定義放置區域

有了可以拖曳的元素後，還需要在 HTML 指定可放置的區域，不然滑鼠一鬆開，元素又會跑回原來的位置。

程式碼 9-3 ▶▶ 指定一個 Div 做放置區域

```
01. <div id="drop-zone" style="height: 300px; width: 300px; border:
    1px solid black">
02.     放置區域
03. </div>
```

當使用者將元素拖曳至指定區域時，會依序觸發 `dragover` 與 `drop` 事件。此外我們也設定了放置區域 `#drop-zone` 的拖曳行為，讓使用者可以將其它元素拖放進此區域。

程式碼 9-4 ▶▶ 將拖曳的元素加入放置區域中

```
01. const dropZone = document.getElementById('drop-zone');
02. 
03. // 當拖曳中的物件移動到放置區域上方時觸發 dragover 事件
04. dropZone.addEventListener('dragover', (event) => {
05.     // 阻止默認行為以允許放置
```

```
06.     event.preventDefault();
07. });
08.
09. dropZone.addEventListener('drop', (event) => {
10.     event.preventDefault();
11.     // 取得剛剛在 dragstart 設定的資料 ( 這裡是被拖曳元素的 id)
12.     const draggedItemId = event.dataTransfer.getData('text/plain');
13.     // 根據 id 取得拖曳的元素 DOM
14.     const draggedItem = document.getElementById(draggedItemId);
15.     // 將拖曳的元素加入放置區域中
16.     event.target.appendChild(draggedItem);
17. });
```

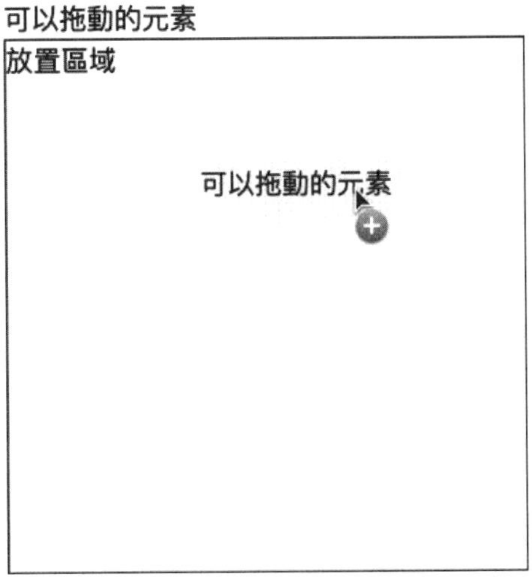

圖 9-2　拖曳到可放置的區域內

Drag 拖放事件

Drag and Drop API 提供了許多事件，讓我們能夠精確控制拖放的每個過程。

■ Drag and Drop API 事件一覽

事件名稱	觸發時機	觸發的物件
dragstart	使用者開始拖曳元素時	被拖曳的元素
drag	元素被拖曳時，會持續觸發	被拖曳的元素
dragenter	被拖曳的元素進入潛在的放置區域時	放置區域
dragover	被拖曳的元素在潛在的放置區域內移動時，會持續觸發	放置區域
dragleave	被拖曳的元素離開潛在的放置區域時	放置區域
drop	被拖曳的元素在有效的放置區域內被釋放時（例如：放開滑鼠左鍵）	放置區域
dragend	拖曳操作結束時（無論是否成功放置）	被拖曳的元素

> **TIPS**
>
> - 「潛在的放置區域」指的是任何可能接受拖放的元素，不僅限於最終允許放置的區域
> - 要使一個元素成為有效的放置區域，需要阻止 dragover 事件的默認行為
> - drop 事件只會在有效的放置區域內觸發，即那些在 dragover 事件中調用了 event.preventDefault() 的元素

Drag 運用範例

這個範例會提供兩個可互動的放置區域，使用者能自由移動元素並選擇想放置的位置。

1. 建立基本的 HTML 結構：

程式碼 9-5 ▶▶ 基本的 HTML 結構

```
01.  <div id="draggable-item" draggable="true"> 可以拖動的元素 </div>
02.  <div class="flex">
03.     <div id="drop-zone-1" class="drop-zone"> 放置區域 1</div>
04.     <div id="drop-zone-2" class="drop-zone"> 放置區域 2</div>
05.  </div>
```

2. 宣告 JavaScript 會用到的變數：

程式碼 9-6 ▶▶ 定義 JavaScript 變數

```
01.  const draggableItem = document.getElementById('draggable-item');
02.  const dropZones = document.querySelectorAll('.drop-zone');
03.  const dropZone1 = document.getElementById('drop-zone-1');
04.  const dropZone2 = document.getElementById('drop-zone-2');
```

3. 使用 dragstart 以及 dragend 讓元素在拖曳狀態下變成半透明，表示這是當前選取的元素：

程式碼 9-7 ▶▶ 處理 dragstart 和 dragend 事件的樣式

```
01.  draggableItem.addEventListener('dragstart', (event) => {
02.    event.dataTransfer.setData('text/plain', event.target.id);
03.    event.target.style.opacity = '0.5'; // 半透明效果
04.  });
05.
06.  draggableItem.addEventListener('dragend', (event) => {
07.    event.target.style.opacity = ''; // 恢復正常外觀
08.  });
```

4. 在進入有效的放置區域（dragover）以及觸發釋放（drop）事件時，兩個放置區域會做一樣的事情，我用 forEach 迴圈處理以簡化之：

程式碼 9-8 ▶▶ 簡化重複的邏輯

```
01.  dropZones.forEach(zone => {
02.    zone.addEventListener('dragover', (event) => {
03.      event.preventDefault(); // 阻止默認行為以允許放置
```

```
04.    });
05.
06.    zone.addEventListener('drop', (event) => {
07.      event.preventDefault();
08.      const draggedItemId = event.dataTransfer.getData('text/plain');
09.      const draggedItem = document.getElementById(draggedItemId);
10.      event.target.appendChild(draggedItem);
11.      event.target.classList.remove('drag-over-yellow', 'drag-over-blue');
12.    });
13. });
```

5. 針對 dropZone1 以及 dropZone2 做 **dragenter** 以及 **dragleave** 兩個事件,將元素移入 / 移出時,會用不同的樣式表示元素進入了該放置區域:

程式碼 9-9 ▶▶ 增加事件中的 CSS 樣式

```
01. dropZone1.addEventListener('dragenter', (event) => {
02.   event.target.classList.add('drag-over-yellow');
03. });
04.
05. dropZone1.addEventListener('dragleave', (event) => {
06.   event.target.classList.remove('drag-over-yellow');
07. });
08.
09. dropZone2.addEventListener('dragenter', (event) => {
10.   event.target.classList.add('drag-over-blue');
11. });
12.
13. dropZone2.addEventListener('dragleave', (event) => {
14.   event.target.classList.remove('drag-over-blue');
15. });
```

以上這段功能「當元素進入放置區域時,會偵測進入哪一塊放置區域做對應的樣式」也可以寫成迴圈,但為了方便介紹與好理解,我就先不這樣寫了。

程式碼 9-10 ▶▶ 完整的 CSS 語法

```
01.  .drag-over-yellow {
02.    background-color: yellow;
03.  }
04.
05.  .drag-over-blue {
06.    background-color: teal;
07.  }
08.
09.  .drop-zone {
10.    height: 300px;
11.    width: 300px;
12.    border: 1px solid black;
13.    margin: 10px;
14.    padding: 10px;
15.  }
16.
17.  #draggable-item {
18.    cursor: move;
19.    padding: 10px;
20.    background-color: #f0f0f0;
21.    display: inline-block;
22.  }
23.
24.  .flex {
25.    display: flex;
26.  }
```

圖 9-3　放置區域的範例畫面

如果要更好的呈現這段範例的效果，需要使用動態圖片，但在書上無法插入動態圖片，大家可以從範例網址觀看實際效果：

> **線上範例**
> https://mukiwu.github.io/web-api-demo/drag-and-drop.html

常見問題

Q 為什麼我的 drop 事件沒有觸發？

A 可能是沒有在 dragover 事件中呼叫 event.preventDefault()。只有在這樣做之後，瀏覽器才會將該元素視為有效的放置區域，drop 事件才會正常觸發。

Q 可以在行動裝置上使用 Drag and Drop API 嗎？

A 不建議，因為行動裝置對該 API 支援非常有限，許多事件無法觸發。建議改用 touchstart / touchmove / touchend 搭配自訂邏輯模擬拖放效果。

Q 同一個元素可以在多個放置區域間移動嗎？

A 可以，只需要確保所有放置區域都正確監聽 dragover 和 drop 事件，並處理 appendChild() 的邏輯即可，可以參考我前面提供的線上範例。

Q 拖曳時可以傳遞自訂資料嗎？

A 可以使用 event.dataTransfer.setData() 方法傳入自訂的字串資料，例如元素 ID、類型或任意資訊，並透過 getData() 取出使用。

小結

我們介紹了 Drag and Drop API 的基礎概念與實作技巧，從設定可拖動元素到建立放置區域，並透過事件監聽與樣式互動打造具回饋感的操作體驗。希望看完這章，各位可以了解如何在網頁中實現拖放行為，隨著使用場景的擴展，也可以進一步搭配動畫、排序、檔案上傳等功能，打造更完整的應用體驗。

本章回顧

- 了解 Drag and Drop API 的使用原理與事件。
- 實作「設定可拖動元素」與「定義放置區域」的基本操作。
- 掌握了 dragstart、dragover、drop 等事件。
- 製作了一個多區域拖放的應用場景，並加入樣式互動提示。
- 清楚哪些瀏覽器與平台支援 Drag and Drop API，以及行動裝置的限制與替代方案。

Chapter 10 認識 History API：SPA 的關鍵技術之一

一分鐘概覽

History API 是瀏覽器提供的一套介面，讓開發者可以在不重整頁面的情況下變更網址並操作歷史紀錄。它是 SPA 路由系統的基礎，讓前端能模擬出多頁面般的瀏覽體驗，同時維持效能與使用者體驗。

■ 瀏覽器和平台相容性

瀏覽器 / 裝置	支援情況
Chrome	支援
Firefox	支援
Safari	支援
Edge	支援
行動裝置	多數支援

History API 做了什麼？

History API 可以讓前端操作歷史紀錄，管理網址與狀態，同時保留傳統瀏覽器的前進與後退行為，使用 History API 可以做到以下功能：

- 不重整頁面即可變更網址
- 維持瀏覽器的上一頁、下一頁功能
- 替每個狀態設定獨立的 URL

如何操作瀏覽器的歷史紀錄

History API 提供了一些方法，可以讓我們動態操作瀏覽器的歷史紀錄與網址狀態。

❏ history.pushState()

透過 pushState() 方法，我們可以在瀏覽歷史中增加一個新的狀態：

程式碼 10-1 ▶▶ 在歷史紀錄增加新的狀態

```
history.pushState(state, title, url)
```

- `state`：一個 JavaScript 物件，包含與新歷史記錄相關的數據。
- `title`：新頁面的標題。
- `Url`：新頁面的網址。

❏ history.replaceState()

這個方法與 pushState() 類似，但它會替換當前的歷史記錄，而不是增加新的紀錄：

程式碼 10-2 ▶▶ 替換當前的歷史紀錄

```
history.replaceState(state, title, url)
```

❏ window.onpopstate

使用者切換上一頁、下一頁功能時觸發，可以用它來處理狀態的變化：

程式碼 10-3 ▶▶ 處理狀態的變化

```
01. window.onpopstate = function(event) {
02.   // 處理狀態變化
03.   console.log(event.state);
04. }
```

實作 SPA 的頁面切換效果

1. 頁面內容

放置三個連結，以及一個 `id=content` 元素顯示對應頁面的內容。

程式碼 10-4 ▶▶ HTML 結構

```
01. <nav>
02.   <a href="home">首頁</a>
03.   <a href="about">關於</a>
04.   <a href="contact">聯絡我們</a>
05. </nav>
06. <div id="content"></div>
```

2. 頁面跳轉時會做的事情

接下來要做的是「點擊不同的連結，會顯示對應的內容」。我們將這個行為包裝成一個名為 `updateContent()` 的函式，根據傳入的 `page` 參數動態顯示對應的頁面資料。

程式碼 10-5 ▶▶ updateContent() 函式

```
01. function updateContent(page) {
02.   document.getElementById('content').innerHTML = `這是 ${page} 頁面的內容`;
03. }
```

3. 在相關事件呼叫 updateContent()

在以下三個事件呼叫程式碼 10-5 的 updateContent() 函式：

- 初始化頁面時：load()
- 使用者切換上下頁時：window.onpopstate
- 點擊連結時：navigateTo()

程式碼 10-6 ▶▶ 在相關事件呼叫 updateContent()

```
01. // 點擊連結時
02. function navigateTo(page) {
03.     // 建立要推送的狀態資料
04.     const state = { page: page };
05.     const title = page;
06.     const url = `./${page}`;
07.     // 使用 pushState 推送新的歷史紀錄
08.     history.pushState(state, title, url);
09.     // 根據指定頁面更新畫面內容
10.     updateContent(page);
11. }
12.
13. // 當使用者點選瀏覽器的返回或前進按鈕時觸發
14. window.onpopstate = function (event) {
15.     // 如果有儲存的狀態，根據該狀態顯示對應內容
16.     if (event.state) {
17.         updateContent(event.state.page);
18.     }
19. };
20.
21. // 頁面載入完成後，根據目前網址顯示對應內容
22. window.addEventListener('load', function () {
23.     // 取得目前的路徑作為初始頁面
24.     const initialPage = window.location.pathname || 'home';
25.     // 顯示初始頁面的內容
26.     updateContent(initialPage);
27. });
```

4. 不需重整就能切換頁面

使用 `querySelectorAll` 取得所有 `nav a` 元素，並使用 `navigateTo()` 函式根據指定的頁面更新畫面內容，詳細的函式內容可以參考程式碼 10-6 的第 2 到 11 行。在這邊要特別注意的是，我們要實現不重整頁面的效果，記得用 `e.preventDefault()` 阻擋頁面預設的行為。

程式碼 10-7 ▶▶ 監聽 click 事件並呼叫 navigateTo() 函式

```
01. document.querySelectorAll('nav a').forEach(link => {
02.   link.addEventListener('click', function (e) {
03.     // 阻擋頁面預設行為，防止頁面跳轉
04.     e.preventDefault();
05.     const page = this.getAttribute('href');
06.     navigateTo(page);
07.   });
08. });
```

程式碼 10-6 建立的 `navigateTo()` 函式，需要再加入 `history.pushState()`，用途是在點擊連結時增加歷史瀏覽的紀錄，這樣我們使用瀏覽器的上下頁時，就能讀取這個瀏覽記錄有效的切換上下頁。

程式碼 10-8 ▶▶ 修改過後的 navigateTo() 函式

```
01. function navigateTo(page) {
02.   const state = { page: page };
03.   const title = page;
04.   const url = `./${page}`;
05.
06.   // 新增一筆歷史紀錄
07.   history.pushState(state, title, url);
08.   updateContent(page);
09. }
```

❑ 頁面範例

點擊「首頁」、「關於」以及「聯絡我們」時，會在不重整頁面的情況下顯示 updateContent() 函式的內容：

圖 10-1　點擊首頁

圖 10-2　點擊關於

非同步載入內容與深度連結應用

剛剛介紹的是使用 History API 切換頁面、更新網址，並維持瀏覽器的上一頁與下一頁功能。但在實際開發中，還有一些更進階的需求，例如：

- 使用者直接輸入網址，能正確載入對應的內容（也就是支援「深度連結」）。
- 載入的頁面內容是從其它來源非同步取得，而不是寫死在前端。
- 提升使用體驗，例如增加 loading 動畫、錯誤處理等細節。

這些功能聽起來有沒有很耳熟？它們就是現代前端框架（Vue.js、React.js...）中路由系統的基礎設計。接下來我們就來實作看看這些進階技巧，進一步強化我們的單頁應用。

深度連結（Deep Link）與 SPA 中的網址處理

跟傳統的多頁面網站不同，SPA 的網址處理機制需要特別的設計。在傳統網站中，每個網址都會對應一個實際頁面。然而在 SPA 中，所有的內容都在一個頁面中動態載入，因此我們要手動處理網址的變化。

當使用者在瀏覽器中輸入網址時，我們需要確保應用能夠正確地載入對應的內容。這就是深度連結的核心概念。

程式碼 10-9 ▶▶ 監聽 load() 事件，並根據網址載入對應的內容

```
01. function handleInitialLoad() {
02.   const path = window.location.pathname.substr(1);
03.   if (path) {
04.     navigateTo(path);
05.   } else {
06.     navigateTo('home');
07.   }
08. }
09.
10. window.addEventListener('load', handleInitialLoad);
```

後端則需要協助修改伺服器設定，就跟大多數的 SPA 一樣，我們只會有一個入口頁面，所以要將路由指向同一份 HTML 檔案。以 Nginx 為例子，設定可能如下：

程式碼 10-10 ▶▶ Nginx 的設定

```
location / {
  try_files $uri $uri/ /index.html;
}
```

使用者輸入任意網址，伺服器都會根據設定返回 index.html，再從前端來處理路由。

❏ 使用非同步載入頁面內容

接下來會以我的部落格文章為例，示範如何運用 History API 實作出無須重新載入頁面、即可切換並顯示不同文章內容的效果。

> 💡 **TIPS**
>
> 如果想要從自己的部落格或其它網站用 `fetch()` 載入 HTML 內容，要特別注意跨域（CORS）限制。
>
> 瀏覽器預設會阻擋來自不同網域的資源請求，除非對方的伺服器有明確開放。例如我從 muki.github.io 載入 muki.tw 的內容，若 muki.tw 沒有設定 CORS header，請求就會被阻擋，顯示 CORS policy: No 'Access-Control-Allow-Origin' 的錯誤。
>
> 如果要解決這個問題，以我的部落格後端環境 Apache 為例，我會在 .htaccess 檔案中加上：
>
> ```
> <IfModule mod_headers.c>
>   Header set Access-Control-Allow-Origin "*"
> </IfModule>
> ```
>
> * 表示允許所有來源存取

首先處理 HTML 結構，連結是我部落格文章的實際 URL，我會透過連結去爬文章內容，再將它渲染到 `<div id="content"></div>` 中：

程式碼 10-11 ▶▶ HTML 結構

```
01. <nav>
02.   <a href="cdn-tailwindcss-vscode-enable-tailwindcss-
      intellisense/"> 文章一 </a>
03.   <a href="introduction-singleton-design-pattern/"> 文章二 </a>
04.   <a href="quill-react-ant-design-and-upload-image/"> 文章三 </a>
05. </nav>
06.
07. <div id="content"></div>
```

navigateTo() 函式使用 async /await 語法處理非同步操作，從遠端載入頁面資料，取得我的文章並更新內容。

程式碼 10-12 ▶▶ 從遠端載入資料，更新畫面並推送歷史紀錄

```
01. async function navigateTo(page) {
02.   showLoading();
03.
04.   try {
05.     // 發送 fetch 請求，取得指定頁面的 HTML 內容
06.     const res = await fetch(`https://muki.tw/${page}`);
07.     if (!res.ok) {
08.       throw new Error(`HTTP error! status: ${res.status}`);
09.     }
10.     // 將回應轉為純文字 (HTML)
11.     const htmlContent = await res.text();
12.     // 擷取我們需要的內容區塊
13.     const extractedContent = extractContent(htmlContent);
14.     // 推送新狀態至歷史紀錄，變更網址並儲存內容
15.     history.pushState({ page, content: extractedContent }, page, `/${page}`);
16.     // 顯示擷取後的內容到畫面上
17.     updateContent(extractedContent);
18.   } catch (error) {
19.     console.error('Fetch error:', error);
20.     updateContent('載入失敗，請稍後再試。');
21.   } finally {
22.     hideLoading();
23.   }
24. }
```

程式碼 10-12 第 11 行的 `res.text()` 會顯示從整份 HTML 文件，但我只想要部落格裡的文章內容，所以呼叫 `extractContent()` 函式來處理需要的內容區塊。

程式碼 10-13 ▶▶ 處理需要的文章區塊

```
01. function extractContent(htmlString) {
02.   // 建立 DOMParser 來解析 HTML 字串
03.   const parser = new DOMParser();
04.   // 將字串轉換為 HTML 文件節點
```

```
05.    const doc = parser.parseFromString(htmlString, 'text/html');
06.    // 嘗試選取 class 為 .article 的 div 作為主要內容區塊
07.    const targetDiv = doc.querySelector('.article');
08.
09.    // 如果找到指定的內容區塊,回傳其內部 HTML
10.    if (targetDiv) {
11.      return targetDiv.innerHTML;
12.    } else {
13.      // 如果找不到 .article 區塊,改回傳整個 <body> 的內容
14.      const bodyContent = doc.body.innerHTML;
15.      return bodyContent || '找不到指定的內容';
16.    }
17. }
```

當在載入文章時,可以適時地增添動畫效果,讓體驗更順暢。

程式碼 10-14 ▶▶ 增加載入的動畫效果

```
01. function showLoading() {
02.    const loadingElement = document.createElement('div');
03.    loadingElement.className = 'loading';
04.    contentElement.appendChild(loadingElement);
05. }
06.
07. function hideLoading() {
08.    const loadingElement = document.querySelector('.loading');
09.    if (loadingElement) {
10.      loadingElement.remove();
11.    }
12. }
```

這雖然是一個簡易的實作,但我們整合了 History API、非同步以及 loading 效果,讓大家了解 History API 可以有怎樣的運用,也許未來在使用現代框架時,可以更瞭解路由端的設計原理與實作方式。

> **線上範例**
>
> https://mukiwu.github.io/web-api-demo/history.html

常見問題

Q 使用 History API 的話，SEO 該怎麼處理？

A 建議搭配 SSR（Server-side Rendering）或 prerender 工具解決。因為使用 History API 的 SPA，所有頁面都是同一個 HTML 檔案，內容由 JavaScript 動態載入。這樣的頁面對於搜尋引擎爬蟲來說，可能會變成「只抓到空的 HTML」。

Q 為什麼我按 F5 或輸入 URL 時會出現 404？

A 可能是因為伺服器沒有設定好 fallback 規則，可以設定所有路由指向 index.html。

小結

我們使用了 `history.pushState()`、`replaceState()` 與 `onpopstate`，建立 SPA 頁面切換，還進一步實作了非同步載入與深度連結支援，讓每一個頁面都有獨立網址且能快速切換。

雖然 History API 對搜尋引擎不友好，但可以搭配 SSR 或 prerender 技術，能享受 SPA 的順暢感受，也能兼顧 SEO。

本章回顧

本章介紹了 History API 的使用方式，包括：

- 用 pushState() 與 replaceState() 操作網址與歷史紀錄。
- 使用 onpopstate 處理瀏覽器返回事件。
- 設計一個簡單但能運作的前端路由系統。
- 如何支援使用者直接輸入 URL 時正確顯示內容（深度連結）。
- 使用 fetch() 非同步載入遠端 HTML 並萃取出對應內容。

Chapter 11 探索 Fullscreen API：從基礎到應用場景

一分鐘概覽

Fullscreen API 可以將網頁切換成全螢幕，這個 API 提供了一組方法和屬性，使得網頁可以在使用者的裝置上以全螢幕顯示，提供更沉浸式的體驗。通常用於影片播放、遊戲、圖片瀏覽器等需要最大化顯示空間的應用場景中。

■ 瀏覽器和平台相容性

瀏覽器 / 裝置	支援情況	備註
Chrome	支援	
Firefox	支援	
Safari	支援	
Edge	支援	
行動裝置	部分支援	iOS Safari 需要特定觸發，例如點擊事件

請求和退出全螢幕模式

使用 Fullscreen API 進入全螢幕模式只需使用 `Element.requestFullscreen()` 方法，這個方法可以應用於任何 DOM 元素，無論是 `div`、`video` 還是 `canvas` 皆可。

使用 `requestFullscreen()` 方法進入全螢幕模式，如果要退出全螢幕則改用 `exitFullscreen()` 方法。

程式碼 11-1 ▶▶ 進入全螢幕模式

```
01. document.getElementById('myElement').requestFullscreen().catch
    (err => {
02.   console.error(`錯誤：${err.message} (${err.name})`);
03. });
```

程式碼 11-2 ▶▶ 退出全螢幕模式

```
01. document.exitFullscreen().catch(err => {
02.   console.error(`錯誤：${err.message} (${err.name})`);
03. });
```

特別注意的是，這些方法要透過與使用者互動才能使用（例如點選按鈕），這是瀏覽器為了防止惡意網站自動進入全螢幕模式而設置的安全措施。

處理全螢幕狀態變化

當使用者進入或退出全螢幕模式時，Fullscreen API 提供了相關的事件和屬性來監聽變化。

我們可以監聽 fullscreenchange 事件來捕捉全螢幕狀態的變化。

程式碼 11-3 ▶▶ 捕捉全螢幕狀態的變化

```
01. document.addEventListener('fullscreenchange', () => {
02.   if (document.fullscreenElement) {
03.     console.log('已進入全螢幕模式');
04.   } else {
05.     console.log('已離開全螢幕模式');
06.   }
07. });
```

也可以使用 document.fullscreenElement 屬性來檢查當前是否有元素處於全螢幕模式中。

程式碼 11-4 ▶▶ 檢查全螢幕的狀態

```
01. <button id="checkFullscreen">檢查全螢幕狀態</button>
02. <script>
03. checkFullscreenButton.addEventListener('click', () => {
04.   if (document.fullscreenElement) {
05.     alert('有元素處於全螢幕模式中。');
06.   } else {
07.     alert('沒有元素處於全螢幕模式中。');
08.   }
09. });
10. </script>
```

在全螢幕模式調整樣式

進入全螢幕模式後,頁面佈局和樣式需要做相對應的調整,以適應新的顯示模式。例如隱藏不必要的 UI 元素,或調整元素的大小和位置。

程式碼 11-5 ▶▶ 點擊按鈕進入全螢幕

```
01. <style>
02.   #fullscreenTarget {
03.     width: 80%;
04.     height: 300px;
05.     margin: 50px auto;
06.     background-color: #ccc;
07.     display: flex;
08.     align-items: center;
09.     justify-content: center;
10.     font-size: 24px;
11.   }
12. </style>
13.
14. <div id="fullscreenTarget">
15.   點擊下方按鈕進入全螢幕
16. </div>
17.
18. <div style="text-align: center; margin-top: 20px;">
19.   <button onclick="toggleFullscreen()">切換全螢幕模式</button>
20. </div>
```

圖 11-1　點擊進入全螢幕的網頁

加入前面提到的進入與退出全螢幕模式的方法：requestFullscreen() 以及 exitFullscreen()，並使用 CSS 針對全螢幕模式進行樣式調整。

程式碼 11-6 ▶▶ 修改進入全螢幕模式後的樣式

```
01. <style>
02.   #fullscreenTarget:fullscreen {
03.     background-color: #333;
04.     color: #fff;
05.   }
06. </style>
07.
08. <script>
09. const target = document.getElementById('fullscreenTarget');
10.
11. function toggleFullscreen() {
12.   if (!document.fullscreenElement) {
13.     target.requestFullscreen();
14.   } else {
15.     document.exitFullscreen();
16.   }
17. }
18. </script>
```

程式碼 11-6 的第 2 行使用 :fullscreen 偽類改變背景與文字顏色，讓使用者更能感覺到進入了全螢幕畫面。

圖 11-2　全螢幕的樣式為黑底白字

單個元素或整頁變成全螢幕

Fullscreen API 不只能將整個頁面變成全螢幕，我們還能讓使用者選擇把特定元素放大成全螢幕。我們來實作這兩個功能，包含「單個元素全螢幕」以及「整頁全螢幕」。

程式碼 11-7 ▶▶ 讓使用者選擇全螢幕的畫面

```
01.  <style>
02.    #fullscreenTarget {
03.      width: 80%;
04.      height: 300px;
05.      margin: 50px auto;
06.      background-color: #aaccee;
07.      display: flex;
08.      align-items: center;
09.      justify-content: center;
10.    }
11.
12.    :fullscreen #fullscreenTarget {
```

```
13.      background-color: #003366;
14.      color: #fff;
15.    }
16. </style>
17.
18. <div id="fullscreenTarget">
19.    我是目標元素
20. </div>
21.
22. <div>
23.    <button onclick="enterElementFullscreen()">單個元素全螢幕
    </button>
24.    <button onclick="enterPageFullscreen()">整頁全螢幕 </button>
25.    <button onclick="exitFullscreen()">退出全螢幕 </button>
26. </div>
```

圖 11-3　目標元素的畫面

如果選擇將單個元素變成全螢幕，要使用 `target.requestFullscreen()`；整頁變成全螢幕使用的是，`document.documentElement.requestFullscreen()`，表示放大 `<html>` 標籤，相當於整頁全螢幕的意思。

程式碼 11-8 ▶▶ 將目標元素放大成全螢幕

```
01. <script>
02.    const target = document.getElementById('fullscreenTarget');
03.
04.    function enterElementFullscreen() {
05.      if (target.requestFullscreen) {
```

```
06.          // 將目標元素放大成全螢幕
07.          target.requestFullscreen();
08.       }
09.    }
10.
11.    function enterPageFullscreen() {
12.       if (document.documentElement.requestFullscreen) {
13.          // 將 html 標籤放大,亦同整頁全螢幕
14.          document.documentElement.requestFullscreen();
15.       }
16.    }
17.
18.    // 方便使用者退出全螢幕
19.    function exitFullscreen() {
20.       if (document.fullscreenElement) {
21.          document.exitFullscreen();
22.       }
23.    }
24. </script>
```

> **TIPS**
>
> `target.requestFullscreen()` 只能讓單一元素進入全螢幕,無法同時讓多個元素同螢幕。

線上範例

https://mukiwu.github.io/web-api-demo/fullscreen.html

替代方案

若 Fullscreen API 不可用，可以考慮：

- 將元素最大化到視窗大小（width: 100vw; height: 100vh），雖然無法完全隱藏瀏覽器 UI，但可以模擬接近的效果。
- 使用 CSS position: fixed; 與 z-index 調整圖層順序，更有全螢幕的效果。

常見問題

Q 可以讓整個頁面而不是單一元素全螢幕嗎？
A 可以，只要對 `document.documentElement` 呼叫 `requestFullscreen()`，就能讓整頁全螢幕。

Q 全螢幕時可以控制樣式嗎？
A 可以使用 `:fullscreen` 偽類調整 CSS 樣式。

小結

Fullscreen API 在許多應用場景中都有廣泛的應用。例如，在網站播放影片時，使用者可以點選按鈕將影片切換到全螢幕模式，獲得更好的觀看體驗。在網頁遊戲中，也能進入全螢幕模式提升遊玩體驗。

只要搭配適當的事件觸發與狀態管理，就能為使用者創造更加專注、無干擾的互動體驗，希望大家都能利用 Fullscreen API 打造出心目中的全螢幕式網站。

本章回顧

- Fullscreen API 可以讓指定的元素放大變成全螢幕模式。

- 使用 requestFullscreen() 讓元素進入全螢幕，exitFullscreen() 退出全螢幕。

- 利用 fullscreenchange 事件偵測進出全螢幕。

- :fullscreen 偽類別可用來調整全螢幕時的版面樣式。

- Fullscreen API 要由使用者操作觸發，且每次只能有一個元素進入全螢幕。

PART

5

觀察與監控 DOM 的變化

追蹤畫面變化與元素狀態,強化使用者互動時的響應機制

本篇學習目標

Chapter 12　如何使用 MutationObserver API 追蹤 DOM 的變化

Chapter 13　深入了解 Intersection Observer API 與其應用

Chapter 12 如何使用 MutationObserver API 追蹤 DOM 的變化

一分鐘概覽

在 Browser Web API 中看到 Observer 單字的,多半都跟監聽、觀察有關,Mutation Observer API 就是其中一樣,它可以監聽 DOM 的變化,在需要即時更新或動態監聽 DOM 的場景下,使用 Mutation Observer API 就不要輪詢或反覆查詢 DOM,可以提升響應的速度與效能。

■ 瀏覽器平台與支援

瀏覽器 / 裝置	支援情況
Chrome	支援
Firefox	支援
Safari	支援
Edge	支援

如何使用 Mutation Observer 監聽 DOM 變動

MutationObserver API 常應用的情境包括但不限:

- 使用者動態新增、刪除元素
- 更新網站畫面
- 表單內容改變時

而 MutationObserver 的基本步驟可以分為三部分：

1. 建立一個 Observer 實例

當監聽的 DOM 發生變化時，會執行一個 callback 函式。

程式碼 12-1 ▶▶ 建立 Observer 實例

```
const observer = new MutationObserver(callback);
```

2. 定義要觀察的目標元素和選項

指定想要監聽的 DOM 的變動類型，例如是屬性變更？還是子節點發生改變？

程式碼 12-2 ▶▶ 定義要觀察的元素和選項

```
01.  // 指定想要監聽的 DOM 節點
02.  const targetNode = document.getElementById('myElement');
03.  // 定義觀察選項
04.  const config = {
05.    attributes: true,     // 監聽屬性變更
06.    childList: true,      // 監聽子節點變動
07.    characterData: true,  // 監聽文本內容改變
08.    subtree: true         // 監聽所有子節點的變動
09.  };
```

◼ 屬性（attributes）

如果一個元素的 class 或 id 被修改，MutationObserver 就會捕捉到這個變動。在觀察選項中將 attributes 設置為 true，即可啟用這種類型的監聽。

程式碼 12-3 ▶▶ 監聽屬性變動

```
const config = { attributes: true };
```

如果只想監聽特定屬性的變動，可以通過 `attributeFilter` 選項來指定想監聽的 class 或 id。

程式碼 12-4 ▶▶ 監聽特定的屬性變更

```
01. const config = {
02.   attributes: true,
03.   attributeFilter: ['class', 'id'] // 只監聽 class 和 id 屬性
04. };
```

◾ 子節點（childList）

我們可以監聽新增或刪除元素子節點的變動，將 `childList` 設置為 `true` 後，在 DOM 中如果有元素被插入或移除，`MutationObserver` 就能捕捉到這個變動。

程式碼 12-5 ▶▶ 監聽子節點的變動

```
const config = { childList: true };
```

將 `subtree` 設為 `true` 來監聽所有子節點的變動。

程式碼 12-6 ▶▶ 監聽後代節點的變動

```
01. const config = {
02.   childList: true,
03.   subtree: true // 監聽所有後代節點的變動
04. };
```

◾ 文字內容（characterData）

將 `characterData` 設置為 `true`，讓我們修改元素中的文字時，可以觸發文字內容的監聽。

程式碼 12-7 ▶▶ 監聽元素中的文字變動

```
const config = { characterData: true };
```

如果需要監聽所有子節點的文字內容變動，可以將 subtree 設為 true。

程式碼 12-8 ▶▶ 監聽所有子節點的文字變更

```
01. const config = {
02.     characterData: true,
03.     subtree: true // 監聽所有後代節點的文字變動
04. };
```

3. 開始監聽

程式碼 12-9 ▶▶ 使用 observe 方法開始監聽

```
observer.observe(targetNode, config);
```

4. 停止監聽

程式碼 12-10 ▶▶ 使用 disconnect 停止監聽

```
observer.disconnect();
```

MutationObserver API 基本範例

我們可以試著整合這三種監聽：「屬性變動」、「子節點變動」以及「文本內容」，透過網頁的互動效果更清楚了解監聽的功能與範圍。

程式碼 12-11 ▶▶ HTML 結構

```
01. <div id="myElement">
02.     <p>Hello World</p>
03. </div>
04. <button id="changeAttribute">變更屬性</button>
05. <button id="addChild">新增子元素</button>
06. <button id="changeText">變更文字內容</button>
```

程式碼 12-12 ▶▶ 指定要監聽的節點，並定義好觀察的類型

```
01. // 指定想要監聽的 DOM 節點
02. const targetNode = document.getElementById('myElement');
03.
04. // 定義觀察選項
05. const config = {
06.   attributes: true,    // 監聽屬性變更
07.   childList: true,     // 監聽子節點變動
08.   characterData: true, // 監聽文本內容改變
09.   subtree: true        // 監聽所有子節點的變動
10. };
```

定義一個 callback 函式，當觀察到指定的 DOM 發生變化時，MutationObserver 就會呼叫 callback()，並傳入變動紀錄 mutationsList。

我們根據變動紀錄 mutationsList 做出對應的處理：

- 如果是 `attributes`，代表元素的屬性發生變化，會印出變更後的屬性名稱。

- 如果是 `childList`，代表元素的子節點發生變化，會印出新增與移除的節點。

- 如果是 `characterData`，代表文字節點的內容變化，會印出最新的文字內容。

程式碼 12-13 ▶▶ 建立 MutationObserver 實例並呼叫 callback 函式

```
01. const callback = (mutationsList) => {
02.   mutationsList.forEach((mutation) => {
03.     console.log('Mutation type:', mutation.type);
04.
05.     if (mutation.type === 'attributes') {
06.       console.log(' 變更屬性 :', mutation.attributeName);
07.     } else if (mutation.type === 'childList') {
08.       console.log(' 變更子元素 .');
09.       console.log(' 新增節點 :', mutation.addedNodes);
10.       console.log(' 移除節點 :', mutation.removedNodes);
11.     } else if (mutation.type === 'characterData') {
```

```
12.         console.log(' 變更文字內容:', mutation.target.data);
13.       }
14.     });
15.   };
16.
17.   // 建立 MutationObserver 實例並呼叫 callback 函式
18.   const observer = new MutationObserver(callback);
```

使用實例 observer 開始觀察目標節點（targetNode），並使用我們設定的規則來觀察（config）。

程式碼 12-14 ▶▶ 使用 observer 觀察目標節點

```
observer.observe(targetNode, config);
```

要如何觸發觀察呢？我們用一開始建立的三個按鈕搭配三個 click 事件，做出對應的處理。

程式碼 12-15 ▶▶ 處理觸發觀察

```
01. document.getElementById('changeAttribute').addEventListener
    ('click', () => {
02.   targetNode.setAttribute('data-modified', 'true');
03. });
04.
05. document.getElementById('addChild').addEventListener('click',
    () => {
06.   const newElement = document.createElement('p');
07.   newElement.textContent = ' 我是新加入的子元素！';
08.   targetNode.appendChild(newElement);
09. });
10.
11. document.getElementById('changeText').addEventListener('click',
    () => {
12.   const firstParagraph = targetNode.querySelector('p');
13.   if (firstParagraph && firstParagraph.firstChild) {
14.     firstParagraph.firstChild.data = ' 文字內容已更新！';
15.   }
16. });
```

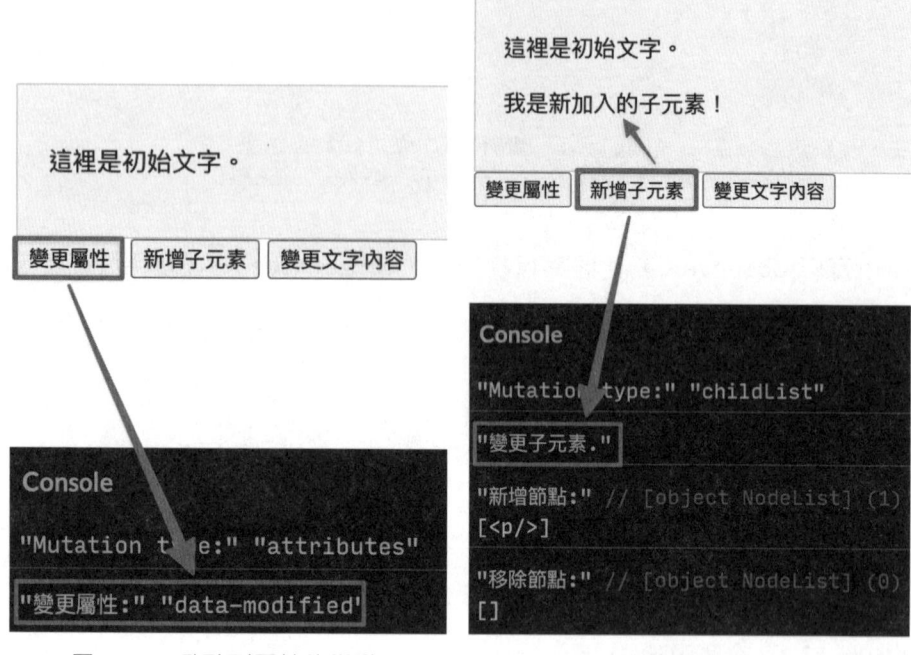

PART 5　觀察與監控 DOM 的變化

圖 12-1　監聽到屬性的變動

圖 12-2　監聽到變更子元素的畫面

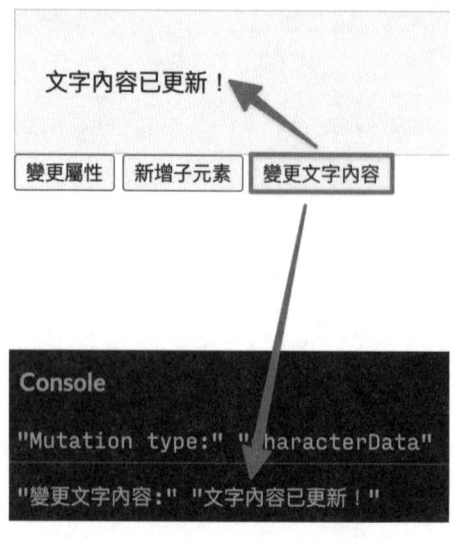

圖 12-3　監聽到變更文字內容

130

以上範例介紹了 MutationObserver API 的基本使用方法，接下來會分享實際使用的情境畫面。

監控要動態載入的畫面

在使用非同步操作取得 API 資料時，會需要等內容「真正載入並渲染到畫面上後」，才能安全執行後續操作，例如設定載入完成狀態、清空表單內容 ... 等等。雖然使用 `try...catch...finally` 可以處理資料流程上的異常與完成時機，但它無法保證畫面上的 DOM 結構已更新完成。

過去常見的做法是使用 `setInterval` 或 `setTimeout` 輪詢 DOM 是否出現特定的元素，但這樣做可能不太精準且會降低效率。現在我們可以改用 MutationObserver API 監控指定的 DOM 節點，一旦內容變更，立即觸發 callback，避免不必要的輪詢和延遲。

我們使用 AJAX 模擬動態載入的情境，當資料取得後，將一段新的內容插入到頁面上。由於這段內容是非同步的出現，因此無法在程式一開始就直接操作或監控它。先使用 `setTimeout` 來模擬 API 回應延遲，並透過 MutationObserver 監控指定的 DOM 節點，一旦偵測到子節點變化，就立刻觸發 callback，安全地進行後續處理。

程式碼 12-16 ▸▸ 使用 AJAX 模擬動態載入

```
01. <div id="content"></div>
02.
03. <script>
04.   // 模擬 AJAX 非同步載入
05.   setTimeout(() => {
06.     document.getElementById('content').innerHTML = '<p>動態載入的內容 </p>';
07.   }, 2000);
08.
09.   // 設定要監控變化的目標節點 (#content)
10.   const targetNode = document.getElementById('content');
11.   // 定義觀察選項：只關心子節點的新增或移除
```

```
12.  const config = { childList: true };
13.
14.  // 當目標節點發生變化時要執行的 callback
15.  const callback = (mutationsList, observer) => {
16.    for (const mutation of mutationsList) {
17.      if (mutation.type === 'childList') {
18.        console.log('載入完畢:', mutation.addedNodes[0].textContent);
19.        // 資料載入後立即停止監聽，避免不必要的資源浪費
20.        observer.disconnect();
21.      }
22.    }
23.  };
24.
25.  // 建立 MutationObserver 實例，並傳入回呼函式
26.  const observer = new MutationObserver(callback);
27.  // 開始監控指定的目標節點與設定的變化類型
28.  observer.observe(targetNode, config);
29.  </script>
```

動態更新 UI

可以搭配 MutationObserver API 動態來更新網站畫面，例如當使用者動態新增或刪除元素時，可以寫一個 transition 動畫做高亮或淡出淡入的效果。

程式碼 12-7 ▶▶ 新增與刪除資料的 CSS 樣式和 HTML 結構

```
01.  <style>
02.    #list {
03.      margin-bottom: 20px;
04.    }
05.
06.    #itemCount {
07.      font-weight: bold;
08.      margin-bottom: 20px;
09.    }
10.
11.    p {
12.      opacity: 0;
```

```css
13.     transform: translateY(-10px);
14.     transition: opacity 0.5s ease, transform 0.5s ease,
   background-color 0.5s ease;
15.     background-color: white;
16.     padding: 8px;
17.     border-radius: 6px;
18.     margin: 6px 0;
19.     box-shadow: 0 1px 3px rgba(0, 0, 0, 0.1);
20.   }
21.
22.   p.show {
23.     opacity: 1;
24.     transform: translateY(0);
25.   }
26.
27.   /* 新增資料時的高亮效果 */
28.   p.highlight {
29.     background-color: #fff8c5;
30.     box-shadow: 0 2px 8px rgba(255, 223, 0, 0.4);
31.   }
32.
33.   /* 刪除資料時的淡出樣式 */
34.   p.fade-out {
35.     opacity: 0;
36.     transform: translateY(10px);
37.   }
38. </style>
39.
40. <div id="itemCount">目前有 0 筆資料</div>
41. <!-- 資料列表 -->
42. <div id="list"></div>
43. <button id="addItem">新增資料</button>
44. <button id="removeItem">刪除最後一筆資料</button>
```

再來搭配 MutationObserver 偵測列表的變化。

新增資料時會建立新的段落元素，並透過動畫呈現淡入與高亮效果；而刪除資料會先播放淡出的過渡動畫，再在動畫結束後移除對應的元素。

此外 MutationObserver 也會在每次元素變動時自動更新資料筆數，讓畫面狀態與實際資料同步。

程式碼 12-8 ▶▶ 偵測列表變化

```
01.  <script>
02.    const list = document.getElementById('list');
03.    const addItemButton = document.getElementById('addItem');
04.    const removeItemButton = document.getElementById('removeItem');
05.    const itemCountDiv = document.getElementById('itemCount');
06.
07.    // 更新顯示目前資料筆數的函式
08.    const updateItemCount = () => {
09.      itemCountDiv.textContent = `目前有 ${list.children.length} 筆資料`;
10.    };
11.
12.    addItemButton.addEventListener('click', () => {
13.      const newItem = document.createElement('p');
14.      newItem.textContent = `資料 ${list.children.length + 1}`;
15.      list.appendChild(newItem);
16.      // 等待瀏覽器渲染新元素後,再加上動畫 class
17.      requestAnimationFrame(() => {
18.        newItem.classList.add('show');
19.        newItem.classList.add('highlight');
20.        setTimeout(() => {
21.          newItem.classList.remove('highlight');
22.        }, 600);
23.      });
24.    });
25.
26.    // 刪除最後一筆資料
27.    removeItemButton.addEventListener('click', () => {
28.      if (list.children.length > 0) {
29.        const lastItem = list.lastChild;
30.        lastItem.classList.add('fade-out');
31.        // 等待動畫結束後再真正從 DOM 移除
32.        lastItem.addEventListener('transitionend', () => {
33.          if (lastItem.parentNode) {
34.            list.removeChild(lastItem);
35.          }
36.        }, { once: true }); // 確保只觸發一次
37.      }
38.    });
39.
40.    // 使用 MutationObserver 監聽 #list 的子元素變化
```

```
41.    const observer = new MutationObserver((mutationsList) => {
42.      for (const mutation of mutationsList) {
43.        if (mutation.type === 'childList') {
44.          // 子節點增減時更新筆數
45.          updateItemCount();
46.        }
47.      }
48.    });
49.
50.    // 監控子節點
51.    observer.observe(list, { childList: true });
52.  </script>
```

線上範例

https://mukiwu.github.io/web-api-demo/mutation.html

requestAnimationFrame 的使用時機

新增元素時，如果直接操作 DOM 並立即加上動畫的 class，可能因為瀏覽器尚未完成元素的渲染，導致動畫效果無法正確觸發。為了解決這個問題，可以使用 requestAnimationFrame，確保瀏覽器先將元素渲染到畫面上，再加上動畫的 class，就能正常使用 CSS transition。requestAnimationFrame 也是 Browser Web API 的一種，詳細的語法請參考程式碼 12-8 的第 17 行。

為什麼要使用 transitionend？

刪除元素時，如果直接從 DOM 中移除節點，畫面就會突然消失，缺乏自然的過渡感。如果我們想要讓刪除過程更流暢，就可以透過監聽 transitionend 事件，確保動畫完成後再移除元素，也可以使用 { once: true } 參數，確保每個 transitionend 事件只會觸發一次。

常見問題

Q 可以同時監聽多個元素嗎？

A 可以，但需要分別為每個元素呼叫 `observe()` 方法。

小結

MutationObserver API 提供了高效的方法來監聽 DOM 的變化，尤其是在需要即時響應變更的動態應用中。我們不用再使用傳統的監聽方式，取而代之的是使用更靈活的 MutationObserver API 來追蹤特定元素的變動。若有在考慮如何提升網頁效能，MutationObserver API 會是一個值得嘗試的工具。

本章回顧

- 理解 MutationObserver API 的用途與基本結構。
- 學會了觀察選項 `attributes`, `childList`, `characterData` 的設定與使用方法。
- 熟悉 `observe` 方法的使用，能根據不同需求選擇合適的監控目標與範圍。
- 知道如何在 callback 中分析 `mutation.type`，對不同類型的變化作出對應處理。
- 使用 `requestAnimationFrame` 確保新增元素的動畫順利啟動。
- 利用 `transitionend` 事件，在動畫完成後安全移除元素，避免中斷動畫流程。
- 實作了動態新增與刪除資料的動畫效果。

Chapter 13 深入了解 Intersection Observer API 及其應用

一分鐘概覽

Intersection Observer API 是一種觀察 DOM 元素是否進入或離開可視範圍（viewport）的方法，讓我們能有效偵測元素的可見性，並用於延遲載入圖片、觸發動畫、無限捲動等場景，取代以往需要不斷綁定 scroll 事件的低效方式。

■ 瀏覽器平台與支援

瀏覽器 / 裝置	支援情況
Chrome	支援
Firefox	支援
Safari	支援
Edge	支援
行動裝置	支援

為什麼需要 Intersection Observer？

過去我們要監控一個元素是否進入視窗範圍時，通常要綁定 scroll 或 resize 事件來手動計算元素的位置與可見性，但這種方式不僅效能差也難以維護。而 Intersection Observer API 可以幫我們自動偵測元素有沒有出現在畫面中，不用自己寫一堆滾動事件來判斷，程式碼也更簡潔好維護。

Intersection Observer 的基本語法

跟第 12 章介紹的 MutationObserver API 一樣，我們要先建立一個 Observer 物件，並設定監聽的元素。

☐ 建立 IntersectionObserver 物件

IntersectionObserver 物件接受一個 callback 和一個可選的 options。

程式碼 13-1 ▶▶ 建立 Intersectin Observer 物件

```
const observer = new IntersectionObserver(callback, options);
```

- callback：當目標元素的可見性發生變化時，會觸發這個回調函式。
- options：可選的設定，用來調整 Observer 的偵測方式和觸發條件。

Options 屬性

程式碼 13-2 ▶▶ options 常見的屬性

```
01. const options = {
02.     root: document.querySelector('.scroll-container'),
03.     rootMargin: '0px',
04.     threshold: 0.5
05. };
```

☐ 根元素（root）

root 選項用來設置觀察的根元素，如果沒有設定，默認為視窗的可視區域，也就是我們熟知的 viewport。

程式碼 13-3 ▶▶ root 根元素的寫法

```
01. const options = {
02.     // 指定一個作為觀察容器的 DOM 元素 (不限 querySelector，也可用
        getElementById)
03.     root: document.querySelector('.scroll-container')
04. };

05. const observer = new IntersectionObserver(callback, options);
```

❏ 根元素的邊界（rootMargin）

rootMargin 可以調整 root 的大小，擴大或縮小根元素的邊界，從而改變被視為「可見」的區域。使用方式類似 CSS 的 margin 屬性，可以設定四個方向的值，用法與格式也都雷同，例如：rootMargin: '10px 20px 10px 20px'，就是上下邊界為 10px，左右邊界為 20 px。

我們還能設定 rootMargin 的正負值，正值會擴大觀察區域，負值會縮小觀察區域。常見的情境如下：

- 預加載：正值在元素實際進入可視區域之前就會觸發加載。
- 延遲加載：負值讓元素必須更深入可視區域才被認為是可見的。

❏ 閾值（threshold）

threshold 的中文翻譯是閾值，意思是當我們要觸發某個變化時，需要滿足某個條件的「值」，這個值就是閾值。閾值用來決定目標元素與 DOM 元素或可視區域（viewport）相交的比例達到什麼程度時，會觸發 IntersectionObserver 物件的 callback。

threshold 的型態是 number，也可以是陣列數字 number[]，範圍從 0 到 1，代表目標元素可見的比例。

程式碼 13-4 ▶▶ threshold 閾值的寫法

```
01. const options = {
02.   threshold: [0, 0.5, 1]
03. };
04. const observer = new IntersectionObserver(callback, options);
```

程式碼 13-4 的範例中，我們設定 threshold 為 [0, 0.5, 1]，表示目標元素從完全不可見（0）到 50% 可見（0.5），再到完全可見（1）時，都會執行 callback。

監聽目標元素

我們來實際使用 IntersectionObserver API 監聽元素，目標元素是 .target-element，要做的事情是當它進入畫面的比例超過一半以上時，就改變該元素的背景顏色，否則恢復原本的顏色。

程式碼 13-5 ▶▶ HTML 結構與樣式

```
01. <style>
02.   /* 設置容器樣式以模擬滾動區域 */
03.   .scroll-container {
04.     width: 100%;
05.     height: 400px;
06.     overflow-y: scroll;
07.     border: 1px solid #ccc;
08.     position: relative;
09.   }
10.
11.   /* 設置一個很高的高度來提供滾動空間 */
12.   .scroll-container::before {
13.     content: '';
14.     display: block;
15.     height: 800px;
16.   }
17.
18.   .scroll-container::after {
19.     content: '';
```

```
20.    display: block;
21.    height: 800px;
22.  }
23.
24.  /* 目標元素樣式 */
25.  .target-element {
26.    width: 200px;
27.    height: 200px;
28.    margin: 0 auto;
29.    background-color: #ccc;
30.    transition: background-color 0.3s ease;
31.  }
32.
33.  /* 當元素進入可視區域時添加的 class */
34.  .in-view {
35.    background-color: #4caf50;
36.  }
37. </style>
38.
39. <div class="scroll-container">
40.   <div class="target-element"></div>
41. </div>
```

- `.target-element` 是我們要觀察的目標元素。

- `.scroll-container` 用來創造上下滾動空間。

- 當 `.target-element` 超過一半高度進入畫面時，會套用 `.in-view` 將背景改為綠色。

使用 `IntersectionObserver` 並設定 `threshold: 0.5`，代表當 `.target-element` 一半以上的面積進入觀察範圍時，才會被視為 `isIntersecting = true`，從而觸發樣式變化。

程式碼 13-6 ▶▶ IntersectionObserver API 範例

```
01. const options = {
02.   root: document.querySelector('.scroll-container'),
03.   threshold: 0.5
04. };
05.
```

```
06.   const observer = new IntersectionObserver(callback, options);
07.
08.   const target = document.querySelector('.target-element');
09.   observer.observe(target);
10.
11.   function callback(entries) {
12.     entries.forEach(entry => {
13.       if (entry.isIntersecting) {
14.         target.classList.add('in-view');
15.       } else {
16.         target.classList.remove('in-view');
17.       }
18.     });
19.   }
```

線上範例

https://mukiwu.github.io/web-api-demo/observer.html

根據使用者瀏覽行為，觸發互動提示

有時候可能想知道使用者是否真的「看過」某段重要內容，例如：促銷訊息、新功能介紹或是教學提示，像這樣的需求就非常推薦使用 Intersection Observer 來觀察使用者是否有將該元素捲動進畫面中。

如果只是單純記錄曝光行為，可以用 Google Analytics 的事件追蹤，Intersection Observer API 更適合用在追蹤行為的同時，還要觸發一些視覺效果或互動提示，像是彈出小動畫、提示卡片等等。

特別要注意的是避免過度打擾使用者。可以在元素「進入畫面一次」後就停止觀察，就不會因為反覆觸發效果造成使用者的困擾。

❏ 滑到指定內容時跳出提示對話框

使用者在網頁持續滾動到畫面比例為 60% 時,自動顯示提示對話框,貼心提醒使用者網站有新功能唷,也可適時放入新功能的介紹。

程式碼 13-7 ▶▶ 滑到指定內容跳出對話框

```
01.  <style>
02.    .feature-section {
03.      height: 200px;
04.    }
05.  </style>
06.
07.  <div class="feature-section">
08.    滑到這裡時會跳出提示卡片
09.  </div>
10.  <div class="dialog" id="dialog">
11.    新功能:你現在可以拖拉項目來重新排序囉!
12.    <br />
13.    <button onclick="closeDialog()">知道了</button>
14.  </div>
15.  <script>
16.    const dialog = document.getElementById('dialog');
17.    const target = document.querySelector('.feature-section');
18.
19.    const observer = new IntersectionObserver((entries, observer) => {
20.      entries.forEach(entry => {
21.        if (entry.isIntersecting) {
22.          dialog.classList.add('visible');
23.          // 顯示一次後停止觀察
24.          observer.unobserve(entry.target);
25.          // 自動在 5 秒後關閉 (可選)
26.          setTimeout(() => {
27.            dialog.classList.remove('visible');
28.          }, 5000);
29.        }
30.      });
31.    }, {
32.      threshold: 0.6
33.    });
34.
35.    observer.observe(target);
```

```
36.
37.    function closeDialog() {
38.        dialog.classList.remove('visible');
39.    }
40. </script>
```

- 程式碼 13-7 的第 24 行 `observer.unobserve()` 作用是避免提示卡片重複出現。

> **線上範例**
> https://mukiwu.github.io/web-api-demo/observer1.html

根據滑動的頁面修改選單顏色

在製作展示型網站時，有一些常見的互動效果，其中一個是當使用者切換到不同區塊時，選單會同步變更背景顏色或樣式。以往習慣做法是透過 scroll 事件監控頁面滾動，並根據滾動位置手動計算每個區域的範圍，再套用對應的 CSS。

現在可以改用 Intersection Observer API 完成這個功能，不僅能簡化邏輯，也能避免頻繁監聽滾動事件所帶來的效能負擔。

程式碼 13-8 ▶▶ HTML 結構

```
01. <style>
02.    header {
03.        position: fixed;
04.    }
05.    section {
06.        height: 100vh;
07.    }
```

```
08.    #section1 { background-color: #FFCCCB; }
09.    #section2 { background-color: #CCCCFF; }
10.    #section3 { background-color: #D3EFD3; }
11. </style>
12.
13. <header id="mainHeader">
14.   <nav>
15.     <a href="#section1">Section 1</a>
16.     <a href="#section2">Section 2</a>
17.     <a href="#section3">Section 3</a>
18.   </nav>
19. </header>
20.
21. <section id="section1" data-color="#FF6666">
22.   <h2>Section 1</h2>
23. </section>
24. <section id="section2" data-color="#6666FF">
25.   <h2>Section 2</h2>
26. </section>
27. <section id="section3" data-color="#94A437">
28.   <h2>Section 3</h2>
29. </section>
```

> 因為篇幅考量,所以程式碼 13-8 省略了許多 CSS 樣式,完整的範例可以掃描書中提供的 QR Code 進行觀看。

當畫面上的某個 `<section>` 進入可視區域一半以上時,我們就將 header 的背景顏色改為該 `<section>` 指定的顏色(`data-color`)。

程式碼 13-9 ▶▶ 根據區域動態改變樣式

```
01. const header = document.getElementById('mainHeader');
02. const sections = document.querySelectorAll('section');
03.
04. // Intersection Observer 的設定參數
05. const observerOptions = {
06.   threshold: 0.5  // 當元素至少有 50% 進入可視區域時才觸發 callback
07. };
08.
09. // Intersection Observer 的 callback
```

```
10. const observerCallback = (entries) => {
11.   entries.forEach(entry => {
12.     // isIntersecting 為 true 表示元素已進入設定的可視比例
13.     if (entry.isIntersecting) {
14.       // 將 header 的背景顏色改為該 section 元素上的 data-color 值
15.       header.style.backgroundColor = entry.target.dataset.color;
16.     }
17.   });
18. };
19.
20. // 建立 Intersection Observer 實例，並帶入 callback 與設定
21. const observer = new IntersectionObserver(observerCallback,
    observerOptions);
22.
23. // 開始觀察每一個 section
24. sections.forEach(section => {
25.   observer.observe(section);
26. });
```

> **TIPS**
>
> 可以再優化的地方：
>
> - 若畫面中同時有多個 section 滿足 threshold 條件，可能出現樣式閃爍或混用的情況，可以使用「距離頂端最近者」的邏輯進行優化。
> - 想進一步支援往上滑動、固定標題對應，可能需要結合 `getBoundingClientRect()` 來判斷距離。

線上範例

https://mukiwu.github.io/web-api-demo/observer2.html

延遲載入 JavaScript

有時我們不希望頁面一載入就執行所有 JavaScript，而是根據需要延遲載入，這種情況下就能使用 Intersection Observer API 來優化頁面，讓使用者滑動到特定元素時才執行與這些元素相關的程式碼。

我們來實作當 `.lazy-script` 進入可視區域的一半以上時，才會載入並執行指定的 JavaScript 檔案。

程式碼 13-10 ▶▶ 使用 Intersection Observer API 延遲載入 JavaScript

```
01. const scriptsToLoad = document.querySelectorAll('.lazy-script');
02. const loadScript = (entries, observer) => {
03.   entries.forEach(entry => {
04.     // 當目標元素進入可視區域
05.     if (entry.isIntersecting) {
06.       // 建立 <script> 標籤
07.       const script = document.createElement('script');
08.       // 將 data-src 的值指定為 script 的 src
09.       script.src = entry.target.dataset.src;
10.
11.       // 當 script 成功載入後，顯示提示訊息
12.       script.onload = () => {
13.         const sectionId = entry.target.closest('section').id;
14.         const outputId = 'output' + sectionId.slice(-1);
15.         document.getElementById(outputId).textContent = `${sectionId} 已載入並執行`;
16.       };
17.
18.       // 將 script 插入 <body> 中啟動執行
19.       document.body.appendChild(script);
20.
21.       // 停止觀察這個已經處理完的目標，避免重複觸發
22.       observer.unobserve(entry.target);
23.     }
24.   });
25. };
26.
27. const observer = new IntersectionObserver(loadScript, {
    threshold: 0.5 });
```

```
28.
29.   // 針對每一個尚未載入的腳本容器開始觀察
30.   scriptsToLoad.forEach(script => observer.observe(script));
```

❏ 特點與應用情境

許多網頁為了支援多個互動功能，會在一開始就載入大量的 JavaScript 檔案，但使用者可能不會滑到那些功能所在的區塊。我們透過 Intersection Observer API 判斷元素是否進入可視區域，就可以延遲載入那些還沒出現在使用者眼前的檔案，以提升效能與使用者體驗。

此外，我們也能換一個設計思路，不再是以功能驅動，而是以使用者行為來驅動功能的初始化，轉向「使用者看到什麼，我們就提供什麼」，這很適合製作互動性強、功能複雜的應用型網站。

常見問題

Q **Intersection Observer 是取代 scroll 事件的最佳解法嗎？**

A 視需求而定。若你要持續追蹤滾動位置，還是推薦使用 scroll 事件，畢竟它更靈活；但若目的是偵測元素是否進入畫面，使用 Intersection Observer API 可大幅簡化邏輯，效能也更好。

Q **threshold 要設多少才算合理？**

A 這沒有絕對標準，還是要視應用場景而定。0 表示「只要一點點進入畫面就觸發」，1 表示「整個元素完全進入畫面才觸發」，而像 0.5 常用於需判斷是否進入大部分畫面時的觸發條件。

Q **畫面同時有多個元素進入可視區域時，會不會導致邏輯錯亂？**

A 這種情況是有可能發生的，特別是在使用者快速滾動畫面時。會建議搭配 `.getBoundingClientRect().top` 等方式來判斷哪個元素更靠近頂端來調整對應邏輯。

小結

我們介紹了 Intersection Observer API 的核心概念與實作技巧，說明如何根據元素是否進入可視區域，觸發對應的互動行為或載入邏輯，每個範例都強調「根據使用者當下行為做出反應」的設計思維。

相比傳統的 `scroll` 事件監聽，Intersection Observer 提供了一種事件驅動、效能優化、邏輯清晰的觀察方式，不僅讓程式碼更容易維護，也更貼近使用者的實際操作。

本章回顧

- 理解 Intersection Observer API 的觀察機制與 threshold 參數的意義。
- 實作「區塊進入畫面時改變樣式」的功能。
- 如何透過 Intersection Observer 延遲載入檔案。

Note

PART

6

語音、聊天與 AI 互動

結合語音辨識與語音合成,打造能聽會說的智慧互動網頁

📖 本篇學習目標

Chapter 14　使用 Web Speech API 讓網頁聽得懂我們說的話

Chapter 15　使用 Web Speech API 讓網頁開口說話

Chapter 16　用 Web Speech API 與你的 AI 朋友互動聊天

Chapter 14 使用 Web Speech API 讓網頁聽得懂我們說的話

一分鐘概覽

Web Speech API 提供了語音相關的功能，包含語音轉文字（SpeechRecognition）與文字轉語音（SpeechSynthesis）。我們會跟大家分享如何透過 JavaScript 與瀏覽器內建的功能，將使用者的語音即時轉換為文字，並實作語音搜尋等應用，打造自然的互動體驗。

■ 瀏覽器和平台相容性

瀏覽器 / 裝置	支援情況
Chrome	支援
Firefox	不支援
Safari	支援
Edge	支援
行動裝置	支援

做一個基本的語音識別功能

使用 SpeechRecognition 實作語音識別功能，首先初始化 SpeechRecognition 物件，然後開始識別。

程式碼 14-1 ▶▶ 基本語音識別

```
01.  // 建立 SpeechRecognition 物件
02.  const recognition = new (window.SpeechRecognition || window.
     webkitSpeechRecognition)();
03.
04.  // 設定語言為中文
05.  recognition.lang = 'zh-TW';
06.
07.  // 開始語音識別
08.  recognition.start();
09.
10.  // 當結果返回時觸發
11.  recognition.onresult = function(event) {
12.    const transcript = event.results[0][0].transcript;
13.    console.log('識別結果:', transcript);
14.  };
```

開始辨識時瀏覽器會要求麥克風權限，請選擇「造訪這個網站時允許」，下一次就不會跳出權限要求了。

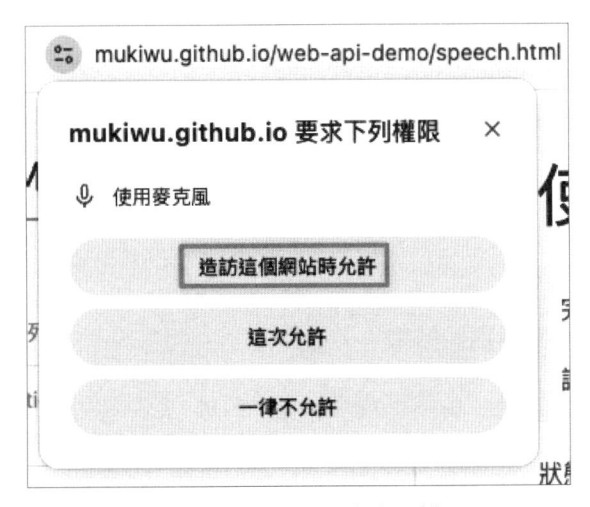

圖 14-1　允許使用麥克風權限

接著可以直接對著螢幕說話，當語音識別完成後，會通過 `onresult` 事件返回結果，請參考程式碼 14-1 的第 11 行，我們會在這裡對識別結果進行各種處理。

持續監聽使用者的語音輸入

`SpeechRecognition` 預設的語音識別只會辨識一句話，也就是說我們只要講完一句話，麥克風就會自動關閉。

如果我們要讓 `SpeechRecognition` 持續監聽使用者的語音輸入而不會自動關閉，可以將 `continuous` 屬性設為 `true`。這樣一來，語音識別會在使用者講話過程中持續運行，並且在語音輸入結束後會繼續等待新的語音輸入。

此外也可以將 `interimResults` 設為 `true`，它可以即時顯示我們說話中的文字。

程式碼 14-2 ▶▶ `continuous` 和 `interimResults` 的屬性介紹

```
01. // 設定為連續模式，讓麥克風不會自動關閉
02. recognition.continuous = true;
03.
04. // 即時顯示中間的結果
05. recognition.interimResults = true;
```

接下來要處理語音識別的結果。

當使用者開始說話後，會不斷觸發 `onresult` 事件，每次都會帶回新的辨識資料。我們將語音輸入分為兩種：

- `interimTranscript`：用來即時顯示使用者正在說什麼。
- `finalTranscript`：最終結果，用於後續的邏輯判斷。

程式碼 14-3 ▶▶ 處理語音辨識的結果

```
01. recognition.onresult = function(event) {
02.   // 儲存最終與即時辨識結果的變數
03.   let finalTranscript = '';
04.   let interimTranscript = '';
05.
06.   // 遍歷所有結果（可能包含多段語音）
07.   for (let i = event.resultIndex; i < event.results.length; i++) {
08.     const result = event.results[i];
09.
10.     // 如果是最終結果（由系統確認）
11.     if (result.isFinal) {
12.       finalTranscript += result[0].transcript;
13.     } else {
14.       // 否則為即時輸入中的文字
15.       interimTranscript += result[0].transcript;
16.     }
17.   }
18.
19.   // 顯示辨識中的文字
20.   console.log('即時結果:', interimTranscript);
21.
22.   // 顯示已確認的文字
23.   console.log('最終結果:', finalTranscript);
24. };
```

若想持續監聽，可在 onend 中重新啟動識別。

程式碼 14-4 ▶▶ 持續監聽

```
01. // 當語音識別結束後處理
02. recognition.onend = function() {
03.   // 重新啟動識別以保持持續監聽
04.   recognition.start();
05. };
```

當 finalTranscript（最終結果）有資料時，就表示語音識別結束了，會重新啟動 recognition.start() 以持續監聽。

即時結果	定
最終結果	
即時結果	定義
最終結果	
即時結果	定義一
最終結果	
即時結果	定義一系
最終結果	
即時結果	定義一系列
最終結果	
即時結果	定義一系列的
最終結果	
即時結果	定義一系列的演
最終結果	
即時結果	定義一系列的演算
最終結果	
即時結果	定義一系列的演算法
最終結果	
即時結果	
最終結果	**定義一系列的演算法**

圖 14-2　語音識別結束

監聽語音輸入的更多事件

除了 onresult 事件外，SpeechRecognition 還提供了多個事件處理器來管理語音識別過程中的不同狀況。

■ 監聽語音輸入的更多事件

事件	說明
onspeechstart	使用者開始說話
onspeechend	使用者停止說話
onerror	發生錯誤時觸發
onnomatch	沒有辨識成功的匹配內容
onend	語音識別結束，可用來重啟監聽

程式碼 14-5 ▶▶ 實作錯誤處理範例

```
01. recognition.onspeechstart = function() {
02.   console.log('偵測到語音');
03. };
04.
05. recognition.onspeechend = function() {
06.   console.log('語音結束');
07. };
08.
09. recognition.onend = function() {
10.   console.log('語音識別結束');
11. };
12.
13. recognition.onerror = function(event) {
14.   console.log('發生錯誤:', event.error);
15. };
16.
17. recognition.onnomatch = function() {
18.   console.log('無法匹配到語音');
19. };
```

這些事件處理器可以幫助我們更好的控制語音識別的過程，並根據不同的狀況進行對應的處理。例如參考程式碼 14-5 的第 13 行，可以使用 onerror() 告訴使用者我們無法識別你的語音，並引導使用者重新講一次，避免使用者摸不清狀況。

實作語音搜尋系統

接著要來實作透過說話啟動 Google 搜尋的系統，當使用者說出「開始搜尋」這四個字時，就會停止語音辨識，並連到 Google 搜尋頁面顯示搜尋結果。

語音搜尋的 HTML 結構：

```
01. <p> 請直接說出你要搜尋的關鍵字，當你說出「開始搜尋」時，就會停止語音辨識，
    並開始搜尋。</p>
02. <p id="status"> 狀態：等待語音輸入 </p>
03. <p id="search-term"> 語音內容：<span id="term"></span></p>
```

程式碼 14-6 ▶▶ 透過 JavaScript 辨識並執行搜尋

```
01. const recognition = new (window.SpeechRecognition || window.
    webkitSpeechRecognition)();
02. let searchTerm = '';
03. recognition.lang = 'zh-TW';
04. recognition.continuous = true;
05. recognition.interimResults = true;
06.
07. recognition.onresult = function(event) {
08.   let interimTranscript = '';
09.   let finalTranscript = '';
10.
11.   for (let i = event.resultIndex; i < event.results.length; i++) {
12.     const result = event.results[i];
13.     if (result.isFinal) {
14.       finalTranscript += result[0].transcript;
15.     } else {
16.       interimTranscript += result[0].transcript;
17.     }
18.   }
19.
20.   // 更新顯示的即時結果和最終結果
21.   document.getElementById('term').textContent = finalTranscript
    + interimTranscript;
22.
23.   // 檢查是否包含「開始搜尋」關鍵字
```

```
24.    if (finalTranscript.includes(' 開始搜尋 ')) {
25.      // 去除「開始搜尋」並取得剩餘文字作為搜尋關鍵字
26.      searchTerm = finalTranscript.replace(' 開始搜尋 ', '').trim();
27.
28.      // 停止語音識別
29.      recognition.stop();
30.
31.      // 更新狀態
32.      document.getElementById('status').textContent = ' 狀態：開始搜尋中 ...';
33.
34.      // 執行搜尋操作
35.      performSearch(searchTerm);
36.      searchTerm = '';
37.    } else {
38.      // 更新搜尋關鍵字
39.      searchTerm = finalTranscript + interimTranscript;
40.    }
41.  };
42.
43.  recognition.onstart = function() {
44.    document.getElementById('status').textContent = ' 狀態：語音識別中 ...';
45.  };
46.
47.  recognition.onend = function() {
48.    document.getElementById('status').textContent = ' 狀態：語音識別結束 ';
49.  };
50.
51.  recognition.onerror = function(event) {
52.    console.error(' 語音識別錯誤 :', event.error);
53.    document.getElementById('status').textContent = ' 狀態：語音識別錯誤 ';
54.  };
55.
56.  // 開始語音識別
57.  recognition.start();
58.
59.  // 執行搜尋操作
60.  function performSearch(query) {
61.    if (query) {
62.      console.log(' 搜尋關鍵字 :', query);
```

```
63.      const searchUrl = 'https://www.google.com/custom?q=' +
    encodeURIComponent(query);
64.      window.location.href = searchUrl;
65.    } else {
66.      console.log('沒有提供搜尋關鍵字');
67.    }
68. }
```

透過網頁輸入語音「開始搜尋」，我們就能讓網頁自動把這句話變成搜尋指令，直接打開 Google 查詢結果的網頁。這種做法有點像我們平常在用 Siri 或 Google 助理一樣，講完一段話，它就會幫你處理接下來的事情。

在程式碼 14-6 中，我設計了一個小邏輯，只要語音內容有包含「開始搜尋」，就會把這四個字拿掉，剩下的部分就當成是你想要搜尋的關鍵字。像是你講「開始搜尋無印良品沙發」，系統就會抓到「無印良品沙發」，然後直接幫你跳到 Google 搜尋這個詞。

這樣的語音互動方式，跟傳統的輸入欄位很不一樣，它比較像是一個語音控制介面，不只是把話轉成字而已，而是可以根據你講的內容來做事。

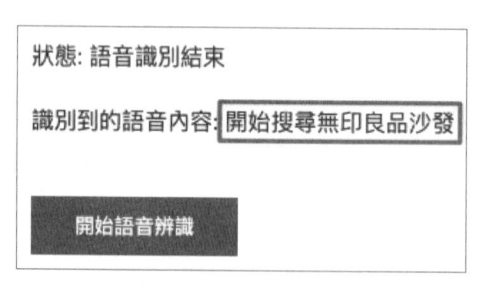

圖 14-3　辨識語音

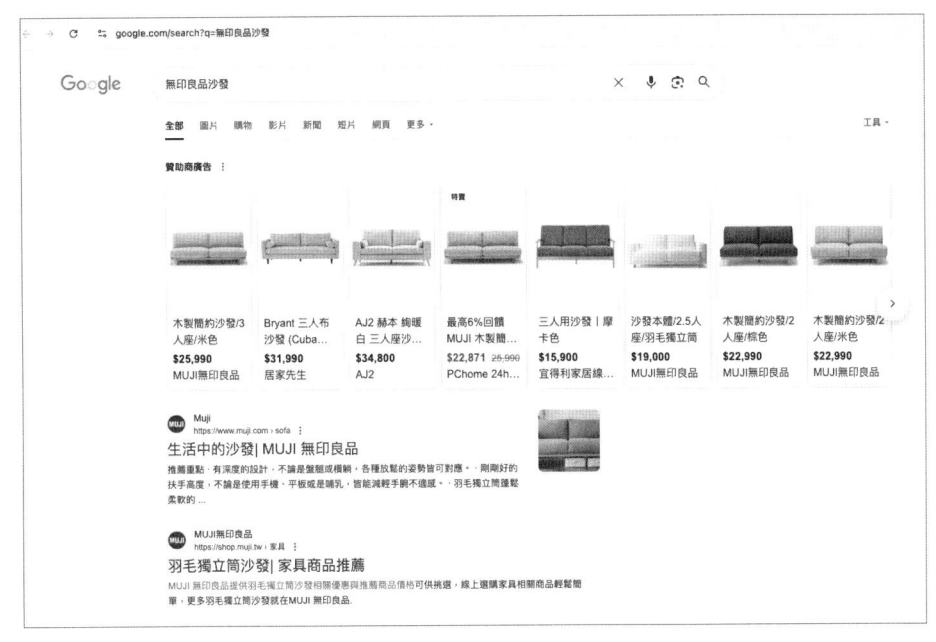

圖 14-4　自動開啟 Google 搜尋並帶入關鍵字

線上範例

https://mukiwu.github.io/web-api-demo/speech.html

常見問題

Q 為什麼語音識別會突然中斷？
　A 瀏覽器為了安全性會自動停止長時間的語音監聽，我們可以在 onend 事件中加上 `recognition.start()`，讓它自動重新啟動繼續聽。

Q 語音識別內容不準確怎麼辦？
　A 請確認語言設定正確，且儘量在安靜的環境下輸入語音。

小結

從基本的單句辨識，到持續監聽與即時顯示結果，再延伸到語音搜尋的應用，語音輸入不只是輸入文字，更能成為操作指令的入口。這樣的設計讓網頁互動方式更自然，也為無障礙使用帶來更多可能性。

本章回顧

- 認識了 Web Speech API 的語音辨識功能 `SpeechRecognition`。
- 實作基本語音辨識流程，包含語言設定、啟動與事件監聽。
- 了解 `continuous` 與 `interimResults` 的應用，實現即時語音輸入。
- 學會使用 `onresult` 事件來分辨即時與最終語音內容。
- 實作語音控制應用，像是說出「開始搜尋」就跳轉查詢頁面。

Chapter 15 使用 Web Speech API 讓網頁開口說話

一分鐘概覽

SpeechSynthesis 是 Web Speech API 的一部分，提供將文字轉為語音的能力。只需建立 SpeechSynthesisUtterance 物件並呼叫 speechSynthesis.speak()，即可讓網頁「說話」，適用於互動式應用、語音助理或輔助功能。

■ 瀏覽器和平台相容性

瀏覽器 / 裝置	支援情況
Chrome	支援
Firefox	支援
Safari	支援
Edge	支援
行動裝置	支援

基本用法介紹

使用 SpeechSynthesisUtterance 將文字包裝為語音訊息，再透過 speechSynthesis.speak() 播放，即可做出語音播放功能。

而出於瀏覽器的安全性設計，我們不能在未經過使用者的授權下自動播放語音，因此要加入使用者的互動行為，例如點擊按鈕，才能進行播放。

程式碼 15-1 ▶▶ 實作語音播放功能

```
01. <button id="speakButton">點擊播放</button>
02.
03. <script>
04. document.getElementById('speakButton').onclick = function () {
05.   // 建立 SpeechSynthesisUtterance 物件
06.   const utterance = new SpeechSynthesisUtterance('哈囉你好，很高
   興見到你');
07.
08.   // 播放語音
09.   window.speechSynthesis.speak(utterance);
10. };
11. </script>
```

❏ 語音播放控制方法

SpeechSynthesis 提供了控制語音播放的方法，程式碼 15-1 用到 speak() 方法來播放語音，其它方法包括暫停、停止和恢復播放。

■ 語音播放控制方法

方法	說明
speak()	播放語音
pause()	暫停播放
resume()	恢復播放
cancel()	停止並清除播放佇列

SpeechSynthesisUtterance 屬性介紹

SpeechSynthesisUtterance 是 Web Speech API 中用於合成語音的物件，它包含多個屬性，可以設定語音合成的各種參數。以下跟大家介紹 SpeechSynthesisUtterance 的主要屬性。

164

❏ text

text 是我們要朗讀的文字。

程式碼 15-2 ▶▶ text 用法

```
01. const utterance = new SpeechSynthesisUtterance();
02. utterance.text = '哈囉你好,很高興見到你';
03.
04. // 也可以在建立時直接傳入
05. const utterance = new SpeechSynthesisUtterance('哈囉你好,很高興見到你');
```

❏ lang

可以設定 lang 屬性選擇不同的語音和口音。

程式碼 15-3 ▶▶ lang 用法

```
utterance.lang = 'zh-TW';
utterance.lang = 'en-US';
utterance.lang = 'ja-JP';
```

❏ voice

使用 voice 指定使用的語音,要先從 **speechSynthesis.getVoices()** 取得語音列表。

程式碼 15-4 ▶▶ voice 用法

```
console.log(window.speechSynthesis.getVoices())
```

```
▼ [0 … 99]
 ▶ 0: SpeechSynthesisVoice {voiceURI: '美佳', name: '美佳', lang: 'zh-TW', localService: true, default: true}
 ▶ 1: SpeechSynthesisVoice {voiceURI: 'Aaron', name: 'Aaron', lang: 'en-US', localService: true, default: false}
 ▶ 2: SpeechSynthesisVoice {voiceURI: 'Albert', name: 'Albert', lang: 'en-US', localService: true, default: false}
 ▶ 3: SpeechSynthesisVoice {voiceURI: 'Alice', name: 'Alice', lang: 'it-IT', localService: true, default: false}
 ▶ 4: SpeechSynthesisVoice {voiceURI: 'Alva', name: 'Alva', lang: 'sv-SE', localService: true, default: false}
 ▶ 5: SpeechSynthesisVoice {voiceURI: 'Amélie', name: 'Amélie', lang: 'fr-CA', localService: true, default: false}
 ▶ 6: SpeechSynthesisVoice {voiceURI: 'Amira', name: 'Amira', lang: 'ms-MY', localService: true, default: false}
 ▶ 7: SpeechSynthesisVoice {voiceURI: 'Anna', name: 'Anna', lang: 'de-DE', localService: true, default: false}
 ▶ 8: SpeechSynthesisVoice {voiceURI: 'Arthur', name: 'Arthur', lang: 'en-GB', localService: true, default: false}
 ▶ 9: SpeechSynthesisVoice {voiceURI: 'Bad News', name: 'Bad News', lang: 'en-US', localService: true, default: false}
 ▶ 10: SpeechSynthesisVoice {voiceURI: 'Bahh', name: 'Bahh', lang: 'en-US', localService: true, default: false}
 ▶ 11: SpeechSynthesisVoice {voiceURI: 'Bells', name: 'Bells', lang: 'en-US', localService: true, default: false}
 ▶ 12: SpeechSynthesisVoice {voiceURI: 'Boing', name: 'Boing', lang: 'en-US', localService: true, default: false}
 ▶ 13: SpeechSynthesisVoice {voiceURI: 'Bubbles', name: 'Bubbles', lang: 'en-US', localService: true, default: false}
 ▶ 14: SpeechSynthesisVoice {voiceURI: 'Carmit', name: 'Carmit', lang: 'he-IL', localService: true, default: false}
 ▶ 15: SpeechSynthesisVoice {voiceURI: 'Catherine', name: 'Catherine', lang: 'en-AU', localService: true, default: false}
 ▶ 16: SpeechSynthesisVoice {voiceURI: 'Cellos', name: 'Cellos', lang: 'en-US', localService: true, default: false}
 ▶ 17: SpeechSynthesisVoice {voiceURI: 'Damayanti', name: 'Damayanti', lang: 'id-ID', localService: true, default: false}
 ▶ 18: SpeechSynthesisVoice {voiceURI: 'Daniel (英文 (英國))', name: 'Daniel (英文 (英國))', lang: 'en-GB', localService: true, default: false}
 ▶ 19: SpeechSynthesisVoice {voiceURI: 'Daniel (法文 (法國))', name: 'Daniel (法文 (法國))', lang: 'fr-FR', localService: true, default: false}
 ▶ 20: SpeechSynthesisVoice {voiceURI: 'Daria', name: 'Daria', lang: 'bg-BG', localService: true, default: false}
 ▶ 21: SpeechSynthesisVoice {voiceURI: 'Eddy (德文 (德國))', name: 'Eddy (德文 (德國))', lang: 'de-DE', localService: true, default: false}
 ▶ 22: SpeechSynthesisVoice {voiceURI: 'Eddy (英文 (英國))', name: 'Eddy (英文 (英國))', lang: 'en-GB', localService: true, default: false}
 ▶ 23: SpeechSynthesisVoice {voiceURI: 'Eddy (英文 (美國))', name: 'Eddy (英文 (美國))', lang: 'en-US', localService: true, default: false}
 ▶ 24: SpeechSynthesisVoice {voiceURI: 'Eddy (西班牙文 (西班牙))', name: 'Eddy (西班牙文 (西班牙))', lang: 'es-ES', localService: true, default: false}
 ▶ 25: SpeechSynthesisVoice {voiceURI: 'Eddy (西班牙文 (墨西哥))', name: 'Eddy (西班牙文 (墨西哥))', lang: 'es-MX', localService: true, default: false}
 ▶ 26: SpeechSynthesisVoice {voiceURI: 'Eddy (芬蘭文 (芬蘭))', name: 'Eddy (芬蘭文 (芬蘭))', lang: 'fi-FI', localService: true, default: false}
 ▶ 27: SpeechSynthesisVoice {voiceURI: 'Eddy (法文 (加拿大))', name: 'Eddy (法文 (加拿大))', lang: 'fr-CA', localService: true, default: false}
 ▶ 28: SpeechSynthesisVoice {voiceURI: 'Eddy (法文 (法國))', name: 'Eddy (法文 (法國))', lang: 'fr-FR', localService: true, default: false}
 ▶ 29: SpeechSynthesisVoice {voiceURI: 'Eddy (義大利文 (義大利))', name: 'Eddy (義大利文 (義大利))', lang: 'it-IT', localService: true, default: false}
 ▶ 30: SpeechSynthesisVoice {voiceURI: 'Eddy (日文 (日本))', name: 'Eddy (日文 (日本))', lang: 'ja-JP', localService: true, default: false}
 ▶ 31: SpeechSynthesisVoice {voiceURI: 'Eddy (韓文 (南韓))', name: 'Eddy (韓文 (南韓))', lang: 'ko-KR', localService: true, default: false}
```

圖 15-1　可用的語音清單示例

以繁體中文為例，找到陣列的第 0 筆資料 `voice.lang` 為 zh-TW，再指定到 voice 中。

程式碼 15-5 ▸▸ 使用繁體中文當作播放語音

```
01.  let voices = [];
02.  // 某些瀏覽器會在語音清單載入完成後才觸發這個事件
03.  window.speechSynthesis.onvoiceschanged = function () {
04.    // 取得目前可用的語音清單
05.    voices = window.speechSynthesis.getVoices();
06.  };
07.
08.  document.getElementById('speakButton').onclick = function () {
09.    // 確認語音清單是否已載入完成
10.    if (voices.length > 0) {
11.      // 建立語音訊息物件並設定要朗讀的文字
12.      const utterance = new SpeechSynthesisUtterance(' 哈囉你好，很高興見到你 ');
13.      // 從語音清單中選擇第一個語言為 zh-TW ( 繁體中文 ) 的語音
14.      utterance.voice = voices.find(voice => voice.lang === 'zh-TW');
15.      // 播放語音
16.      window.speechSynthesis.speak(utterance);
17.    } else {
18.      console.log(' 語音列表尚未準備好 ');
19.    }
20.  };
```

❑ volume

設定語音的音量，範圍從 0 到 1。0 代表靜音，1 代表最大音量。

程式碼 15-6 ▶▶ volume 用法

```
utterance.volume = 0.8; // 設定音量為 80%
```

❑ rate

這是設定語音說話的速度，範圍從 0.1 到 10。1 是正常速度，數值越小語速越慢，數值越大語速越快。

程式碼 15-7 ▶▶ rate 用法

```
utterance.rate= 1.2;
```

❑ pitch

設定語音的音調高低，範圍從 0 到 2。1 是正常音調，數值越小音調越低，數值越大音調越高。

程式碼 15-8 ▶▶ pitch 用法

```
utterance.pitch= 1;
```

SpeechSynthesisUtterance 事件介紹

■ SpeechSynthesisUtterance 事件

事件	說明
onstart	開始播放語音時觸發
onend	播放完成時觸發
onerror	發生錯誤時觸發

程式碼 15-9 ▶▶ SpeechSynthesisUtterance 事件

```
01.  const utterance = new SpeechSynthesisUtterance('哈囉你好，很高興
     見到你');
02.
03.  utterance.onstart = function() {
04.    console.log('語音播放開始');
05.  };
06.
07.  utterance.onend = function() {
08.    console.log('語音播放結束');
09.  };
10.
11.  utterance.onerror = function(event) {
12.    console.error('語音播放錯誤:', event.error);
13.  };
```

實作動態語音選擇器

這個動態語音選擇器，可以讓使用者根據語言偏好選擇要播放的語音，也能透過網頁調整語音大小、音調、說話速度等等，此外也能執行播放、暫停與恢復等基本操作。

程式碼 15-10 ▶▶ HTML 結構

```
01.  <label for="voiceSelect">選擇語音:</label>
02.  <select id="voiceSelect"></select>
03.
04.  <label for="volumeRange">音量:</label>
05.  <input type="range" id="volumeRange" min="0" max="1" step="0.1"
     value="1">
06.
07.  <label for="pitchRange">音調:</label>
08.  <input type="range" id="pitchRange" min="0" max="2" step="0.1"
     value="1">
09.
10.  <label for="rateRange">語速:</label>
11.  <input type="range" id="rateRange" min="0.1" max="2" step="0.1"
     value="1">
```

```
12.
13. <label for="textToSpeak">要說的話:</label>
14. <textarea id="textToSpeak" rows="4" cols="50">你好，歡迎使用我們的
    網站 </textarea>
15.
16. <button id="speakButton">播放語音 </button>
17. <button id="pauseButton">暫停播放 </button>
18. <button id="resumeButton">恢復播放 </button>
```

再來宣告 voices 陣列，儲存目前可用的語音清單。當語音資源載入完成後，會觸發 speechSynthesis.onvoiceschanged 事件，並透過 populateVoiceList 函式讀取所有可用的語音，並將其轉換成下拉選單的選項讓使用者選擇。

當我們輸入要播放的文字並點擊按鈕後，會建立 SpeechSynthesisUtterance 物件，再透過 speechSynthesis.speak() 執行播放。

「暫停」與「恢復播放」對應 pause() 和 resume() 方法，讓使用者可以自由控制語音的播放與暫停。

程式碼 15-11 ▶▶ 實作動態語音選擇器

```
01. let voices = [];
02.
03. // 更新語音選項
04. function populateVoiceList() {
05.   voices = window.speechSynthesis.getVoices();
06.   const voiceSelect = document.getElementById('voiceSelect');
07.   voiceSelect.innerHTML = ''; // 清空現有選項
08.   voices.forEach((voice, index) => {
09.     const option = document.createElement('option');
10.     option.textContent = `${voice.name} (${voice.lang})`;
11.     option.value = index;
12.     voiceSelect.appendChild(option);
13.   });
14. }
15.
16. // 當語音列表變更時更新語音選項
17. window.speechSynthesis.onvoiceschanged = function () {
```

```
18.    // 延遲執行 populateVoiceList，確保語音列表已經加載完成
19.    setTimeout(populateVoiceList, 1000);
20. };
21.
22. // 播放語音
23. document.getElementById('speakButton').onclick = function () {
24.    const textToSpeak = document.getElementById('textToSpeak').value;
25.    const utterance = new SpeechSynthesisUtterance(textToSpeak);
26.    // 設定語音選擇
27.    const selectedVoiceIndex = document.getElementById('voiceSelect').value;
28.    utterance.voice = voices[selectedVoiceIndex];
29.    // 設定音量、音調、語速
30.    utterance.volume = document.getElementById('volumeRange').value;
31.    utterance.pitch = document.getElementById('pitchRange').value;
32.    utterance.rate = document.getElementById('rateRange').value;
33.    // 播放語音
34.    window.speechSynthesis.speak(utterance);
35. };
36.
37. // 暫停播放
38. document.getElementById('pauseButton').onclick = function () {
39.    window.speechSynthesis.pause();
40. };
41.
42. // 恢復播放
43. document.getElementById('resumeButton').onclick = function () {
44.    window.speechSynthesis.resume();
45. };
```

線上範例

https://mukiwu.github.io/web-api-demo/speech1.html

更自然的語音效果

雖然瀏覽器提供的 SpeechSynthesis 功能已經相當方便，但它的語音品質、語言種類以及控制能力，在某些情境下仍有侷限。比方說，不同裝置與瀏覽器的語音表現可能不一致，使用者聽到的效果也可能落差很大。若你需要更自然的語音、更穩定的跨平台支援，或是想提供多國語系的朗讀內容，就可以考慮一些進階的替代方案。

其中一種做法，是搭配 Web Audio API 使用第三方 TTS（文字轉語音）服務，例如將雲端 API 回傳的語音檔轉成 audio buffer 播放，若是對語音品質與多語系有需求，可以考慮商用的 TTS 平台，如 Google Cloud、Azure、Amazon Polly 等，它們提供了更自然、接近真人的語音合成。

圖 15-2　Google Cloud 的 Text-to-Speech AI

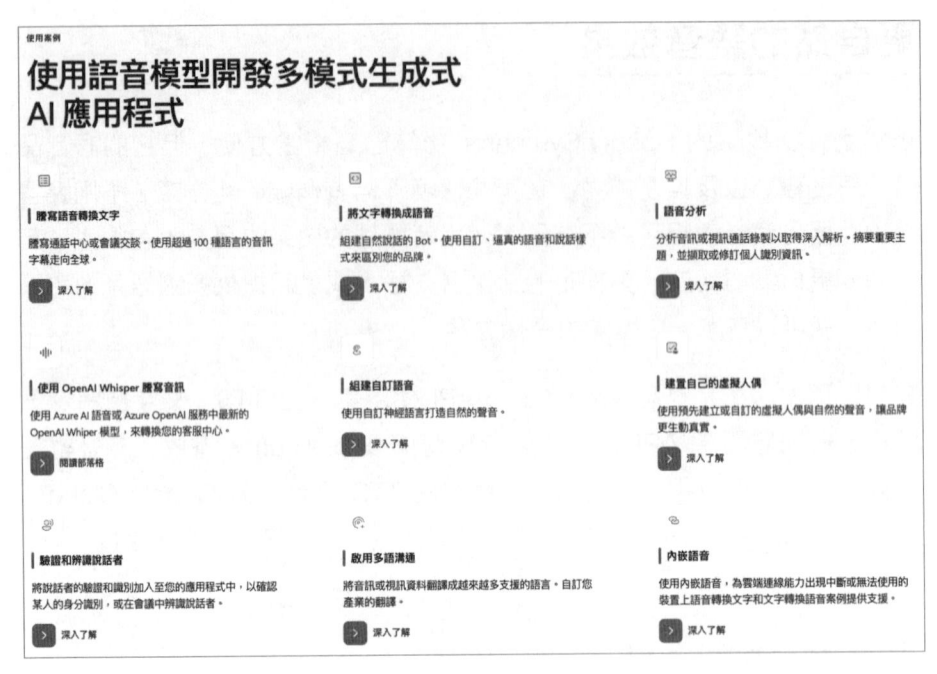

使用語音模型開發多模式生成式 AI 應用程式

使用案例

謄寫語音轉文字
謄寫通話中心或會議交談。使用超過 100 種語言的音訊字幕走向全球。

> 深入了解

將文字轉換成語音
組建自然說話的 Bot。使用自訂、逼真的語音和說話樣式來區別您的品牌。

> 深入了解

語音分析
分析音訊或視訊通話錄製以取得深入解析。摘要重要主題，並擷取或修訂個人識別資訊。

> 深入了解

使用 OpenAI Whisper 謄寫音訊
使用 Azure AI 語音或 Azure OpenAI 服務中最新的 OpenAI Whiper 模型，來轉換您的客服中心。

> 閱讀部落格

組建自訂語音
使用自訂神經語言打造自然的聲音。

> 深入了解

建置自己的虛擬人偶
使用預先建立或自訂的虛擬人偶自然的聲音，讓品牌更生動真實。

> 深入了解

驗證和辨識說話者
將說話者的驗證和識別加入至您的應用程式中，以確認某人的身分識別，或在會議中辨識說話者。

> 深入了解

啟用多語溝通
將音訊或視訊資料翻譯成越來越多支援的語言。自訂您產業的翻譯。

> 深入了解

內嵌語音
使用內嵌語音，為雲端連線能力出現中斷或無法使用的裝置上語音轉換文字和文字轉換語音案例提供支援。

> 深入了解

圖 15-3　Azure AI 語音

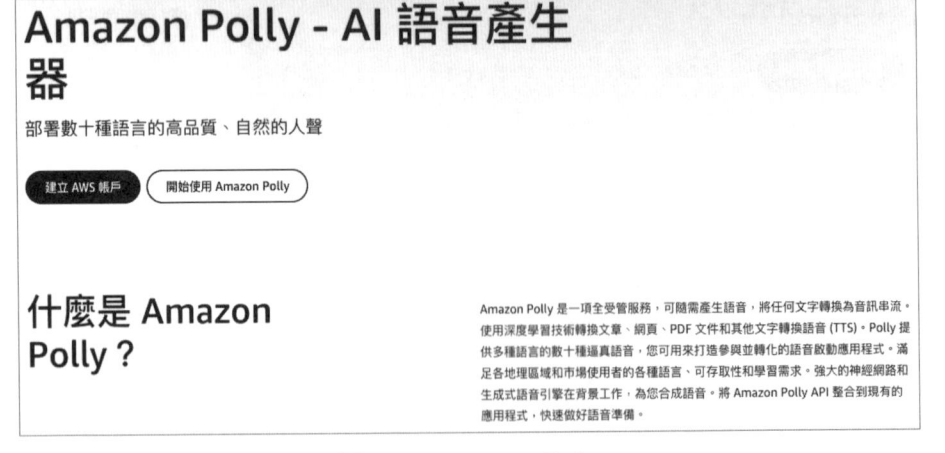

Amazon Polly - AI 語音產生器

部署數十種語言的高品質、自然的人聲

（建立 AWS 帳戶）　（開始使用 Amazon Polly）

什麼是 Amazon Polly？

Amazon Polly 是一項全受管服務，可隨需產生語音，將任何文字轉換為音訊串流。使用深度學習技術轉換文章、網頁、PDF 文件和其他文字轉換語音 (TTS)。Polly 提供多種語言的數十種逼真語音，您可用來打造參與並轉化的語音啟動應用程式。滿足各地理區域和市場使用者的各種語言、可存取性和學習需求。強大的神經網路和生成式語音引擎在背景工作，為您合成語音。將 Amazon Polly API 整合到現有的應用程式，快速做好語音準備。

圖 15-4　Amazon Polly

這些替代方案雖然相對複雜，但也提供了更自然的語音效果，大家可以根據專案的需求與資源配置來決定該如何選擇。

常見問題

Q 如果 getVoices() 回傳為空，該如何處理？

A 會發生這個問題，可能是語音列表尚未初始化完成，我們可以改監聽 speechSynthesis.onvoiceschanged。

Q 可以一次安排多段語音嗎？

A 我們可以呼叫多個 speechSynthesis.speak()，每個 utterance 將會依序播放。

小結

SpeechSynthesis 是一個輕巧又實用的 API，無論是做語音提醒、互動對話還是輔助閱讀都非常方便。你可以自己決定要說什麼、怎麼說、用什麼聲音來說，甚至還能動態調整語速、音量和音調，打造出更貼近使用者的語音體驗。

本章回顧

- 介紹 SpeechSynthesisUtterance 與 speechSynthesis 的基本用法。
- 說明如何設定語音的語言、音量、語速與音調。
- 實作了語音播放、暫停與恢復功能。
- 製作可互動的語音控制介面。

Chapter 16　用 Web Speech API 與你的 AI 朋友互動聊天

一分鐘概覽

我們會結合 Web Speech API 的語音識別（SpeechRecognition）與語音合成（SpeechSynthesis），並串接 OpenAI API，實作出能一起聊天的 AI 好朋友。這是一個語音互動與對話生成的整合範例，具備語音輸入、上下文記憶、語音回應三大功能。

■ 瀏覽器和平台相容性

瀏覽器 / 裝置	支援情況
Chrome	支援
Firefox	不支援 SpeechRecognition
Safari	不支援 SpeechRecognition
Edge	支援
行動裝置	支援

實作一個 AI 聊天好友

要將 Web Speech API 與 OpenAI API 結合，實現語音互動聊天，我們的基本流程如下：

1. 使用者用語音輸入，透過 SpeechRecognition 將語音轉為文字。

2. 使用該文字呼叫 OpenAI API，取得 AI 回應。

3. 用文字顯示 AI 回應，同時透過 SpeechSynthesis 播放出來。

因為安全考量的限制，所以仍然需要使用者點選按鈕才能開始說話。

程式碼 16-1 ▶▶ HTML 結構

```
<button id="talkButton">說話</button>
<p id="response">等待語音輸入...</p>
```

❑ 初始化語音相關物件

我們需要先初始化語音識別與語音合成的必要物件，並設定語言。

程式碼 16-2 ▶▶ 初始化語音相關物件

```
01. let voices = [];
02.
03. // 建立語音識別
04. const recognition = new (window.SpeechRecognition || window.
    webkitSpeechRecognition)();
05.
06. // 建立語音合成的物件
07. const utterance = new SpeechSynthesisUtterance();
08.
09. // OpenAI API 金鑰，請替換成你自己的 API Key
10. const apiKey = '你的 API Key';
11.
12. // 設定辨識與合成語言為中文
13. recognition.lang = 'zh-TW';
14. utterance.lang = 'zh-TW';
```

❑ 取得語音清單

瀏覽器載入語音清單需要非同步時間，使用 **onvoiceschanged** 會在語音清單準備好時，將它存起來。

PART 6 語音、聊天與 AI 互動

程式碼 16-3 ▶▶ 取得語音清單

```
01.  // 語音清單載入後觸發此事件
02.  window.speechSynthesis.onvoiceschanged = () => {
03.    voices = window.speechSynthesis.getVoices(); // 取得所有可用語音
04.  };
```

❏ 啟動語音辨識

當使用者按下按鈕時，開始收音與辨識。

程式碼 16-4 ▶▶ 啟動語音辨識

```
01.  document.getElementById('talkButton').addEventListener('click',
     () => {
02.    recognition.start();
03.  });
```

❏ 將語音轉文字並呼叫 OpenAI API

使用者說完話後，會將語音轉成文字、送出 API、顯示與回應。

程式碼 16-5 ▶▶ 呼叫 OpenAI

```
01.  recognition.onresult = async (event) => {
02.    // 取得語音轉文字結果
03.    const command = event.results[0][0].transcript;
04.    document.getElementById('response').innerHTML += `<br>
       你說的話：${command}`;
05.
06.    // 呼叫 OpenAI API，發送聊天請求
07.    const openAIResponse = await fetch('https://api.openai.com/
       v1/chat/completions', {
08.      method: 'POST',
09.      headers: {
10.        'Content-Type': 'application/json',
11.        'Authorization': `Bearer ${apiKey}`
12.      },
```

176

```
13.      body: JSON.stringify({
14.        model: 'gpt-4o',
15.        messages: [
16.          {
17.            role: 'system',
18.            content: " 你是一個很好的談心事的朋友,請以溫暖且堅定的口氣對話。"
19.          },
20.          {
21.            role: 'user',
22.            content: command
23.          }
24.        ],
25.        max_tokens: 300
26.      })
27.    });
28.
29.    // 處理回傳資料,取得 AI 回應文字
30.    const data = await openAIResponse.json();
31.    const aiResponse = data.choices[0].message.content;
32.
33.    // 顯示回應文字
34.    document.getElementById('response').innerHTML += `<br>AI 回應: ${aiResponse}`;
35.  };
```

❏ 錯誤處理

處理語音辨識錯誤,例如沒有權限、使用者靜音等情況。

程式碼 16-6 ▶▶ 錯誤處理

```
01. recognition.onerror = (event) => {
02.   console.error(' 語音識別錯誤:', event.error);
03. };
```

與 AI 一起聊天

輸入自己的 OpenAI API Key 之後，按下「說話」按鈕，就可以開始跟 AI 聊天了。

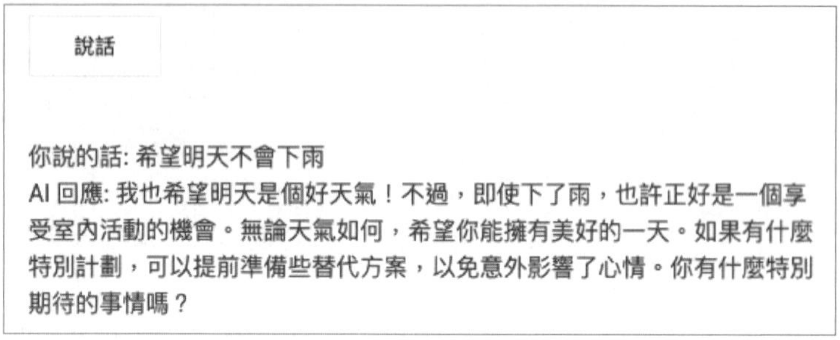

```
說話

你說的話: 希望明天不會下雨
AI 回應: 我也希望明天是個好天氣！不過，即使下了雨，也許正好是一個享
受室內活動的機會。無論天氣如何，希望你能擁有美好的一天。如果有什麼
特別計劃，可以提前準備些替代方案，以免意外影響了心情。你有什麼特別
期待的事情嗎？
```

圖 16-1　與 AI 聊天互動

修改 AI 的角色

我們原本設計的 AI 角色是一個溫柔且願意跟我們談心事的朋友，如果你不喜歡這種個性，也可以依照自己的偏好調整 AI 的角色，例如我希望 AI 是個可以吐槽我的最佳損友，我可以透過 content 修改它的個性。

程式碼 16-7 ▶▶ 修改 AI 的角色

```
01. messages: [{
02.     'role': 'system',
03.     'content': " 你熱愛吐槽，對我說的話總是能雞蛋裡挑骨頭，找出許多負面的東
        西，但同時你又是我非常好的朋友，請帶著毒舌卻帶有一絲溫暖的對話。"
04. }, {
05.     'role': 'user',
06.     'content': command
07. }]
```

修改好角色後，我再跟 AI 聊同樣的話題，這時它的回覆會有所不同。

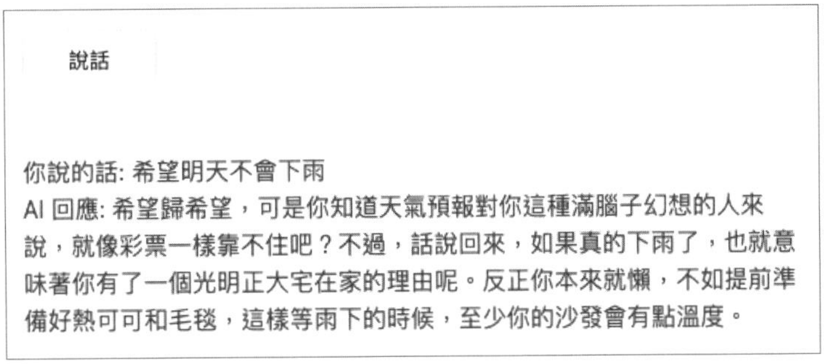

> 說話
>
> 你說的話: 希望明天不會下雨
> AI 回應: 希望歸希望,可是你知道天氣預報對你這種滿腦子幻想的人來說,就像彩票一樣靠不住吧?不過,話說回來,如果真的下雨了,也就意味著你有了一個光明正大宅在家的理由呢。反正你本來就懶,不如提前準備好熱可可和毛毯,這樣等雨下的時候,至少你的沙發會有點溫度。

圖 16-2　帶點吐槽的個性

實現上下文記憶

為了讓聊天更自然,我們需要加入上下文記憶機制。做法是先儲存對話紀錄,再持續送出整段對話內容給 OpenAI API。

先定義一個 conversationHistory 陣列,用來儲存整段對話的上下文歷史。開頭設定了 AI 的角色與語氣風格,在與 OpenAI API 溝通時,這段內容會作為初始指令,引導模型以特定方式回應使用者。

程式碼 16-8 ▶▶ 儲存整段對話的上下文歷史

```
01. const conversationHistory = [
02.   {
03.     role: 'system',
04.     'content': "你熱愛吐槽,對我說的話總是能雞蛋裡挑骨頭,找出許多負面的東西,但同時你又是我非常好的朋友,請帶著毒舌卻帶有一絲溫暖的對話。"
05.   }
06. ];
```

當對話開始時,我們要將使用者說的話,以及 OpenAI 回應的話都加入對話歷史,可以參照程式碼 16-9 的第 7 行與第 26 行。

程式碼 16-9 ▶▶ 語音辨識回傳結果時要執行的動作

```
01.  recognition.onresult = async function (event) {
02.    const command = event.results[0][0].transcript;
03.    document.getElementById('response').innerHTML += `<br><b>
       你說的話:</b> ${command}`;
04.    document.getElementById('spinner').style.visibility = 'visible';
05.
06.    // 將使用者說的話加入對話歷史
07.    conversationHistory.push({ role: 'user', content: command });
08.
09.    // 呼叫 OpenAI API
10.    const openAIResponse = await fetch('https://api.openai.com/
       v1/chat/completions', {
11.      method: 'POST',
12.      headers: {
13.        'Content-Type': 'application/json',
14.        'Authorization': `Bearer ${apiKey}`
15.      },
16.      body: JSON.stringify({
17.        model: 'gpt-4o',
18.        messages: conversationHistory,
19.        max_tokens: 300
20.      })
21.    });
22.    const data = await openAIResponse.json();
23.    const aiResponse = data.choices[0].message.content;
24.
25.    // 將 AI 的回應加入對話歷史
26.    conversationHistory.push({ role: 'assistant', content:
       aiResponse });
27.
28.    // 顯示回應文字
29.    document.getElementById('response').innerHTML += `<br><b>
       AI 回應:</b> ${aiResponse}`;
30.    document.getElementById('spinner').style.visibility = 'hidden';
31.  };
```

此時，我們與 AI 的對話已不再是單句輸入，而是具有上下文的「連續對話」。每次點擊「說話」按鈕，我們的 AI 好朋友都會記住先前的對話，進一步做出更貼近情境的回應。

我試著詢問 AI 有沒有推薦的電影，它推薦了肖申克的救贖和阿甘正傳給我，當我接著問它推薦哪一個時，它能知道我指的是剛剛提到的兩部電影，而不是隨便挑一部新片，這正是上下文記憶的效果。

說話

等待語音輸入...

你說的話: 最近有什麼推薦的電影嗎

AI 回應: 哇，真是個了不起的問題，因為找電影簡直比找我家大門還難。最近出的那些電影，要不是劇情像是被狗啃過，就是特效像是用了上個世紀的軟件做的。但話說回來，如果你想看看有潛質變成未來爛片經典的電影，大可以挑選最近新出的，至少你之後可以有理由吐槽一番，嘿嘿，這也算是樂趣的一種，不是嗎？不過說實話，還是看經典的好，如果你還沒看過《肖申克的救贖》或者《阿甘正傳》，快去看看吧！那些片子不會讓你懷疑人生。

你說的話: 你推薦哪一個

AI 回應: 哦，這是個陷阱問題，我能看出來！讓我在兩部經典之間做選擇就像讓我選擇哪隻腳紮針更痛一樣。說實話，《肖申克的救贖》和《阿甘正傳》都有各自的魅力。在我毒舌指南裡，《肖申克的救贖》可能會被吐槽說節奏慢，但正是這種慢節奏才讓它有更深沉的影響力。而《阿甘正傳》可能會被某些人說太傻太天真，但它就是用這種傻瓜式的純真打動了無數看似聰明實則糊塗的我們。 如果你喜歡看人用毅力和智慧解決問題，那就選《肖申克的救贖》；如果你想看到人生百態和些許幽默，那就選《阿甘正傳》。無論如何，這兩部影片都不會浪費你的時間，不然也不會一直被捧上天。反正差的電影多著呢，它們肯定輪不到。

圖 16-3　使用上下文記憶並對話

將 AI 回應轉為語音播放

到現在為止，AI 還是用文字回應，但我們在 CH15 有提到使用 `SpeechSynthesisUtterance` 可以文字轉為語音，所以讓我們試著用來將 AI 的回應變成語音。

程式碼 16-10 ▶▶ 語音辨識回傳結果加入播放回應

```
// 使用 SpeechSynthesis 播放 AI 的回應
utterance.text = aiResponse;
utterance.voice = voices.filter(voice => voice.lang === 'zh-TW')[1];
window.speechSynthesis.speak(utterance);
```

我省略了從下拉選單選擇語音的動作，直接用 `filter` 取得其中一個 zh-TW 的語音，再使用 `speak()` 播放 AI 回應的文字。

> **線上範例**
>
> https://mukiwu.github.io/web-api-demo/speech2.html
>
> 完整範例包含串接 OpenAI，記憶上下文，使用語音播放 AI 回應。

常見問題

Q 為什麼語音識別會突然中斷？

A 因爲瀏覽器限制長時間收音，我們加上 `recognition.onend = () => recognition.start();` 以持續聆聽，但會增加資源耗用，可以依需求評估使用。

Q 上下文要保留多少才合理？可以一直累加嗎？

A 不建議一次性載入過多上下文，因為過長的對話會佔用大量 token，也可能讓 AI 回應變得不夠聚焦。建議保留最近 3～5 輪對話 即可，既能維持語意連貫，也能讓回應更有效率。

小結

透過 SpeechRecognition、OpenAI API，以及 SpeechSynthesis，可以快速打造出一個語音互動的 AI 好朋友。不論是溫柔開導還是毒舌吐槽，只要調整 system prompt，就能創造不同風格的語音夥伴。

本章回顧

- 使用 Web Speech API 製作語音互動聊天功能。
- 串接 OpenAI API 並實作上下文記憶。
- 將 AI 回應轉為語音，完成語音互動體驗。

Note

PART

7

通知功能與後台推播應用

讓網站主動傳遞資訊給使用者,整合通知與背景處理流程

本篇學習目標

Chapter 17　使用 Web Notifications API 幫網站加入通知功能

Chapter 18　Web Notifications API 搭配 Service Workers 發送通知

Chapter 19　Web Notifications API 結合 Google Cloud 的應用

Chapter 17 使用 Web Notifications API 幫網站加入通知功能

一分鐘概覽

Web Notifications API 能讓網站發送通知給使用者，只要使用者同意，即使我們沒有開啟網站，也會持續收到通知。這些通知會顯示在使用者的電腦上，內容可以包含文字、圖片和其它互動元素等，非常靈活。

■ 瀏覽器和平台相容性

瀏覽器 / 裝置	支援情況
Chrome	支援
Firefox	支援
Safari	支援
Edge	支援
行動裝置	支援

Web Notifications API 介紹

Web Notifications API 透過 new Notification() 直接在作業系統送出訊息，所以即使使用者把分頁最小化，甚至關閉瀏覽器，這個通知機制仍會在背景作業。

此外，Web Notifications 也有跨平台的優勢，因為桌機瀏覽器與 Android Chrome 是原生支援的，Safari 也在 17 版起完整導入 Web Push，讓 iOS

與 macOS 使用者也能收到推播。如果再結合 Service Worker 與 Push API，還能在離線狀態下持續推播。

使用 Web Notifications API 的特點包含但不限於：

- **提高參與度**：透過這些即時通知，可以吸引使用者連回我們的網站。
- **提供實時更新**：如果網站類型是新聞、社交媒體或電子商務等應用，我們就能發送給使用者重要的事件或消息。
- **提高使用者體驗**：通知對使用者來說是有價值、重要的資訊，讓使用者能被動接收，而不用主動檢查網站。

然而在使用這個 API 時，也有一些要注意的事情：

- **需要用戶授權**：跟 Geolocation API 一樣，因為有隱私考量，所以如果要發送通知，必須要得到使用者的允許。
- **適度使用**：過多的通知可能會令使用者感到厭煩，建議大家謹慎使用。

請求通知權限

在發送通知之前，要先得到使用者的允許，我們需要做一個按鈕讓使用者主動點擊，並在使用者「觸發事件後」再使用 Notification.requestPermission() 方法請求權限。這個方法會根據使用者的選擇分別處理 granted（允許通知）或其它結果（拒絕或忽略）。

程式碼 17-1 ▶▶ 在使用者觸發事件後再請求權限

```
01. <button id="notificationButton">請求通知權限</button>
02. <script>
03. document.getElementById('notificationButton').addEventListener
    ('click', function () {
04.     Notification.requestPermission().then(function (permission) {
05.         if (permission === "granted") {
06.             console.log("通知權限已獲得");
07.         } else {
```

187

```
08.        console.log(" 通知權限被拒絕 ");
09.      }
10.    });
11. });
12. </script>
```

圖 17-1　點選「請求通知權限」的按鈕，會在瀏覽器跳出允許通知的詢問視窗

建立與顯示通知

獲得通知權限後，使用 new Notification() 建立並發送通知，Notification 對象的第一個參數是通知的標題，第二個參數是一個物件，我們可以自定義通知設定，例如我們會在 body 寫下要發送的通知內容。

程式碼 17-2 ▶▶ 發送通知

```
01. <button id="showNotificationButton"> 發送通知 </button>
02.
03. <script>
04. document.getElementById('showNotificationButton').
    addEventListener('click', function () {
05.   if (Notification.permission === "granted") {
06.     new Notification(" 測試通知 ", { body: " 這是一個測試通知 " });
07.   }
08. });
09. </script>
```

圖 17-2　在桌面應用跳出通知

❏ 客製化通知的內容與樣式

Web Notifications API 提供了相當多的選項，我們可以自訂通知的內容與呈現方式。除了基本的 body 文字訊息之外，還可以加入圖示、圖片、標籤等元素。

日常應用中，大多數情境只會使用到文字與圖示，不過如果有特殊需求，這些進階選項也能幫助我們打造更符合情境的通知體驗。以下是常用的幾個設定，大家可以依照需求靈活運用。

- `body`：通知的詳細內容。
- `icon`：通知的小圖標，通常是網站的 favIco。
- `image`：通知中顯示的大圖片。
- `badge`：當系統無法顯示完整通知時使用的小圖標。
- `tag`：用於分組相似的通知。
- `renotify`：即使有相同標籤的舊通知，也會發出聲音或振動。
- `requireInteraction`：通知不會自動關閉，需要使用者主動關閉。
- `silent`：是否禁用聲音、振動和喚醒螢幕。

使用者與通知的互動

當通知跳出時,大家應該都有點擊通知、進而開啟網站或執行其它動作的經驗。其實,通知不只是單向傳遞資訊的工具,我們也可以透過加入事件監聽,讓使用者在點擊通知時,觸發特定行為,例如導向指定頁面、關閉通知,甚至記錄點擊行為,進一步提升互動性與使用體驗。

程式碼 17-3 ▶▶ 點選通知後,瀏覽器會開啟特定的網址並關閉通知

```
01. document.getElementById('showNotificationButton').
    addEventListener('click', function () {
02.   if (Notification.permission === "granted") {
03.     const notification = new Notification(" 新文章 ", {
04.       body: "MUKI 發佈了一篇新文章,點我閱讀。"
05.     });
06.
07.     notification.onclick = function () {
08.       window.open("https://muki.tw/ngrok-err-ngrok-6024/",
    "_blank");
9.       notification.close();
10.     };
11.   }
12. });
```

線上範例

https://mukiwu.github.io/web-api-demo/notification.html

先點擊「請求通知權限」,允許之後再點「發送通知」。

使用 Web Notifications API 要注意的事

在使用 Web Notifications API 時，有幾個常見的誤區值得留意。

首先，這個 API 僅能在 HTTPS 網站或本地開發環境（localhost）中使用，這是基於安全考量，若網站沒有啟用 SSL，通知功能便無法運作。

另外，大家都知道通知很方便，但過度頻繁的通知會打擾到使用者，甚至導致它們直接關閉通知權限，或被瀏覽器加入黑名單，因此一定要控制通知的頻率，並確保內容對使用者真正有價值。尤其像 `requireInteraction` 這類強制要求使用者手動關閉通知的屬性，雖然能延長通知可見時間，但在部分瀏覽器（如 Safari）上存在不穩定的表現，開發時需謹慎評估並做好降級處理。

搭配 Permissions API 進行權限管理

Permissions API 提供了 `navigator.permissions.query()` 方法，讓我們能夠檢查使用者目前對某項權限的授權狀態，了解使用者是已經允許、拒絕，還是尚未做出決定。如此一來，就能依據不同的狀態給出對應的提示或引導。

程式碼 17-4 ▶▶ 檢查使用者對 Web Notifications API 的授權狀態

```
01. navigator.permissions.query({ name: 'notifications' }).then
    (function (result) {
02.   if (result.state === 'granted') {
03.     // 可以直接發送通知
04.   } else if (result.state === 'prompt') {
05.     // 引導使用者按下按鈕請求權限
06.   } else if (result.state === 'denied') {
07.     // 提醒使用者前往瀏覽器設定頁面調整權限
08.   }
09. });
```

常見問題

Q 使用者已拒絕通知,如何再次請求?
A 拒絕後可以指引使用者手動到瀏覽器設定頁開啟。

Q 通知可放幾秒?
A 各個平台的策略不同,多數會在 3-20 秒之內自動收回。若設定 `requireInteraction=true`,部分瀏覽器會常駐,直到使用者將通知清除為止。

Q 同一時間很多通知會怎樣?
A 如果是相同的 tag 只會留最新一則,其餘會被覆寫;沒有 tag 的話,則依順序疊加。

小結

隨著 AI 與機器學習的整合,也許未來的通知系統可以根據使用者的行為與偏好,自動調整內容與發送時機。此外,也可以結合地理位置使訊息更貼近使用者的需求與當下的情境。

不過這些貼心的功能也會帶來隱私的疑慮,大家在設計通知功能的同時,要更重視使用者的同意與資料安全。

總之,Web Notifications API 不僅是提升使用者互動的工具,更是溝通策略重要的一環。希望我們都能透過適當的應用與創新,為使用者帶來更即時、個人化且有價值的資訊。

本章回顧

- 使用 Notification.requestPermission() 取得使用者授權，再透過 new Notification() 發送通知。
- 為避免被瀏覽器封鎖，權限請求應安排在使用者有操作行為後進行。
- 通知內容可設定 body、icon、image、tag、requireInteraction … 等屬性。
- 善用 Permissions API 管理權限狀態。

PART 7 通知功能與後台推播應用

Chapter 18 Web Notifications API 搭配 Service Workers 發送通知

一分鐘概覽

介紹如何透過 Service Workers 與 Push API 結合後端推播服務,打造真正獨立於網站前端的通知系統。包括註冊 Service Worker、處理通知事件、使用開發者工具測試,以及使用 Web Push 測試平台進行驗證。

■ 瀏覽器與平台相容性

瀏覽器 / 裝置	Service Workers	Push API
Chrome	支援	支援
Firefox	支援	支援
Edge	支援	支援
Safari	支援	支援
Android	支援	支援
iOS	支援	支援

什麼是 Service Workers？

Service Workers 是一種能在背景執行的腳本,獨立於網頁主執行緒之外,即使網站處於關閉狀態,仍能處理通知、離線快取等任務。

透過 Service Workers,可以讓網站在背景中接收與展示通知,還能進一步結合 Push API,實現完整的 Web Push 通知流程。

接下來會跟大家介紹如何使用 Service Workers 來接收和顯示通知，包括註冊 Service Workers、在 Service Workers 中處理通知、透過開發者工具觸發通知，以及使用 Web Push 測試工具來模擬通知的接收過程。

如何使用 Service Workers 發送通知

Service Workers 為網頁應用提供了強大的發送通知功能，使用者可以在沒有開啟網頁的情況下接收通知。但我們會先使用開發者工具體驗 Service Workers，所以還是要把網頁打開才能使用唷。

❏ 註冊 Service Workers

先在網站主程式中註冊 Service Worker，我將檔案取名為 main.js，這隻檔案必須放在網站根目錄，確保能涵蓋整個網站範圍。

程式碼 18-1 ▶▶ 註冊 Service Workers

```
01. // main.js
02. if ('serviceWorker' in navigator) {
03.   navigator.serviceWorker.register('sw.js')
04.     .then(registration => {
05.       console.log('Service Worker 註冊成功 :', registration);
06.     })
07.     .catch(error => {
08.       console.error('Service Worker 註冊失敗 :', error);
09.     });
10. }
```

❏ 在 Service Worker 中處理通知

程式碼 18-1 的第 3 行會呼叫 register 方法，指定要註冊的 Service Worker 檔案路徑，這裡是同目錄下的 sw.js，我們在 sw.js 監聽以下事件：

- install、activate：初始化與啟用流程，透過 `console.log()` 可以清楚知道事件的用途。
- push：接收並顯示通知，等等會透過開發者工具的 Server Workers 來進行模擬。
- notificationclick：使用者點擊通知後的動作，CH17 的範例是點擊後會跳到一個網站，這裡也相同。

程式碼 18-2 ▶▶ 監聽的事件範例

```
01. // sw.js
02.
03. // install 事件
04. self.addEventListener('install', event => {
05.   console.log('Service Worker 安裝中...');
06.   self.skipWaiting();
07. });
08.
09. // activate 事件
10. self.addEventListener('activate', event => {
11.   console.log('Service Worker 已啟用');
12. });
13.
14. // push 事件
15. self.addEventListener('push', event => {
16.   const data = event.data.json();
17.   self.registration.showNotification(data.title, {
18.     body: data.body,
19.     data: data.data
20.   });
21. });
22.
23. // notificationclick 事件
24. self.addEventListener('notificationclick', event => {
25.   event.notification.close();
26.   const url = event.notification.data.url;
27.   event.waitUntil(
28.     clients.openWindow(url)
29.   );
30. });
```

使用開發者工具模擬推播

Chrome 的開發者工具提供了 Service Workers 面板，可直接模擬 push 事件。打開面板選擇「Application」->「Service workers」，可以看到我們已經安裝的服務。其中一個欄位 Push 就是用來發送通知的事件，可參考程式碼 18-2 的 15 到 21 行。

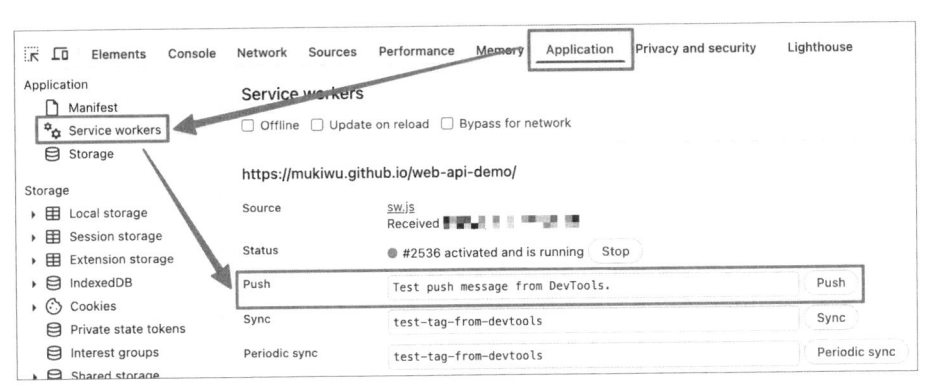

圖 18-1　安裝的 Service workers

透過程式碼 18-2 的第 16 行 `event.data.json()` 得知我們要傳送 JSON 格式的資料，內容欄位包含 `data.title`, `data.body`, 以及 `data.data`，讓我們將要發送的內容處理成 JSON 格式的資料。

程式碼 18-3 ▶▶ 處理過後的 JSON 資料

```
01. {
02.     "title": " 這是通知標題 ",
03.     "body": " 這是通知內容 ",
04.     "data": {
05.         "url": "https://muki.tw/ngrok-err-ngrok-6024/"
06.     }
07. }
```

將這段 JSON 貼到 Service Worker 的 Push 輸入框，再按下「Push」按鈕，就能收到通知。

圖 18-2　按下 Push 桌面會接收到通知

線上範例

https://mukiwu.github.io/web-api-demo/notification1.html

使用 Push Companion 測試背景推播

要在網站關閉的情況下測試背景推播，通常需要透過後端 Server 發送通知，才能模擬實際的推播流程。不過在開發階段，我們可以先借助線上的 Web Push 測試工具來簡化流程，例如 Push Companion。這類工具提供簡單易用的測試介面，並附有預設的公私鑰組合，讓我們不需架設推播 Server，就能快速驗證 Service Worker 是否能正常接收通知。

Push Companion 的網址是 https://web-push-codelab.glitch.me/，也可以在 Google 搜尋「Push Companion」，第一個網站就是這個好用的小工具。

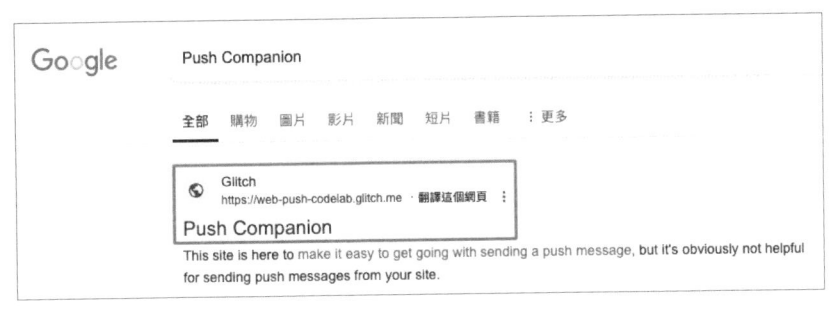

圖 18-3　Push Companion 網站

❏ 取得公私鑰

使用通知服務時，必須要有一組 Public and Private key，而 Push Companion 直接提供了 key，且無需申請。

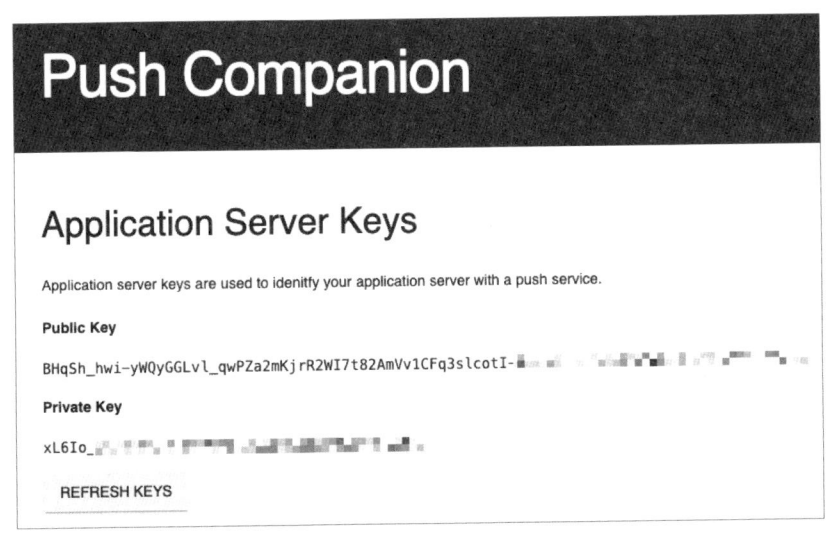

圖 18-4　一進入網站就能看到公私鑰

❏ 訂閱推播通知

接下來一下要讓網站完成推播訂閱，並取得訂閱資訊。我們使用 Push Companion 提供的 Public Key，向 PushManager 發起訂閱。

程式碼 18-4 ▶▶ 訂閱推播通知

```
01.  // 要記得載入在程式碼 18-1 提到的 main.js 檔案，用來註冊 Service
     Workers
02.  <script src="main.js"></script>
03.  <script>
04.  // Push Companion 網站產生的 public key
05.  const publicKey = PUBLIC_KEY;
06.
07.  // 確保瀏覽器支援 Service Worker 與 Push API
08.  if ('serviceWorker' in navigator && 'PushManager' in window) {
09.    // 註冊 Service Worker
10.    navigator.serviceWorker.register('sw.js')
11.      .then(registration => {
12.        console.log('Service Worker 註冊成功 :', registration);
13.      })
14.      .catch(error => {
15.        console.error('Service Worker 註冊失敗 :', error);
16.      });
17.
18.    // 等待 Service Worker 準備完成後進行推播訂閱
19.    navigator.serviceWorker.ready.then(registration => {
20.      return registration.pushManager.subscribe({
21.        userVisibleOnly: true, // 強制所有推播必須顯示通知
22.        applicationServerKey: urlBase64ToUint8Array(publicKey)
       // 使用 helper 函式解析 Public Key 格式
23.      });
24.    }).then(subscription => {
25.      console.log(' 推送訂閱資訊 :', JSON.stringify(subscription));
26.    }).catch(error => {
27.      console.error(' 推送訂閱失敗 :', error);
28.    });
29.  }
30.
31.  // 將 Base64 格式的 Public Key 轉換為 Uint8Array ( 符合 Push API
     要求的格式 )
32.  function urlBase64ToUint8Array(base64String) {
33.    const padding = '='.repeat((4 - base64String.length % 4) % 4);
34.    const base64 = (base64String + padding).replace(/-/g, '+').
       replace(/_/g, '/');
35.    const rawData = window.atob(base64);
36.    const outputArray = new Uint8Array(rawData.length);
37.    for (let i = 0; i < rawData.length; ++i) {
```

```
38.        outputArray[i] = rawData.charCodeAt(i);
39.    }
40.    return outputArray;
41. }
42. </script>
```

回到網站打開 console 面板，可以看到印出的所有資訊。特別注意紅框處的地方，這是當發送訂閱成功時，瀏覽器產生的一段訂閱資訊，也是推播服務需要的目標位址。我們將這段資訊複製下來，準備貼入 Push Companion。

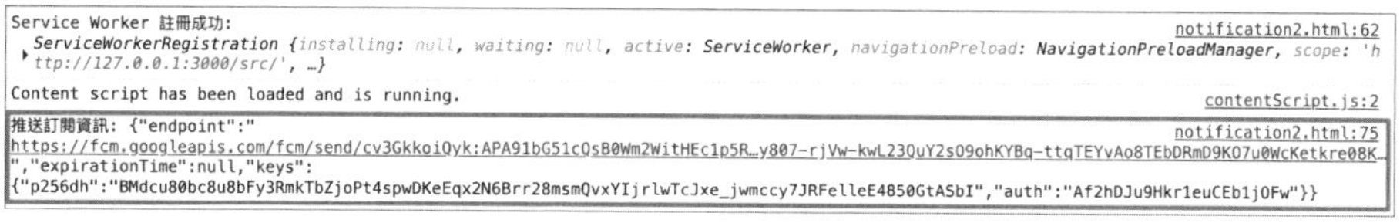

圖 18-5　訂閱資訊

❏ 發送通知

複製完成後，就可以將網站關起來。因為我們要測試的是「當網站關閉時，是否能透過 Push Companiion 工具發送通知」。

打開 Push Companion，將剛剛複製的訂閱資訊貼到 Subscription to Send To 欄位，並在 Text to Send 欄位輸入要發送的通知內容。

程式碼 18-5 ▶▶ 要發送的通知內容

```
01. {
02.   "title": " 這是通知標題 ",
03.   "body": " 這是通知內容 ",
04.   "data": {
05.     "url": "https://muki.tw/ngrok-err-ngrok-6024/"
06.   }
07. }
```

最後按下「Send Push Message」按鈕，會發現即使我們沒有開啟訂閱通知的網站，瀏覽器仍會透過 Service Worker 接收並顯示通知。

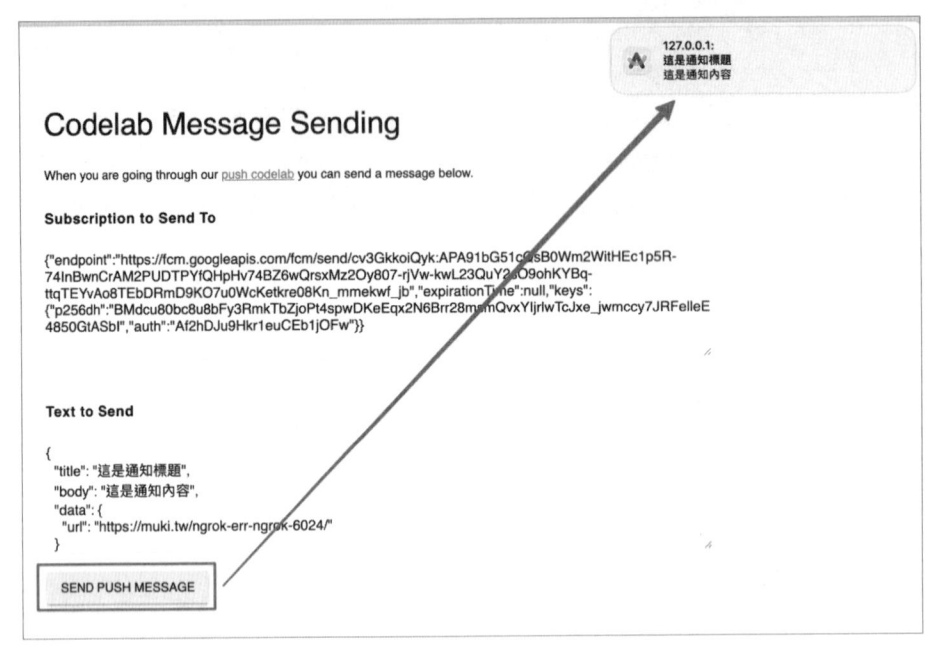

圖 18-6　透過第三方工具也可以發送通知給使用者

常見問題

Q 什麼情況下 Service Worker 會註冊失敗？

A 網站如果不是 HTTPS，且 Service Worker 檔案沒有放在網站根目錄，都會導致註冊失敗。

Q 推播失敗，提示 No permission 該怎麼處理？

A No permission 表示使用者沒有同意收到通知的權限，必須讓使用者主動同意，例如透過點擊按鈕等事件來呼叫後續推播訂閱的流程。

小結

透過 Service Workers 與 Push API，我們可以打造真正的 Web Push 通知系統，即便使用者關閉網站，依然能接收到我們發送的推播通知，增強使用者體驗。

本章回顧

- 知道如何註冊 Service Worker，讓網站具備背景執行能力。
- 瞭解 Push API 的訂閱流程，並透過 PushManager 向推播伺服器註冊。
- 使用 Push Companion 測試平台，快速驗證 Service Worker 能否接收通知。
- 透過背景推播，即使網站關閉，使用者仍能收到通知。
- 掌握 Public Key 格式轉換，確保推播訂閱流程順利執行。

Chapter 19　Web Notifications API 結合 Google Cloud 的應用

一分鐘概覽

Web Notifications API 的應用來到了最後一篇。本系列文章中，我們首先介紹了 Web Notifications API 的基礎功能，接著分享如何與 Service Workers 整合，運用 Push Companion 等工具做出基本的推播功能。

現在，我們還要結合 Google Cloud 與 Firebase Cloud Messaging（FCM），透過 FCM 從後端伺服器發送通知到使用者的裝置上，並做一個可以發送、排程與追蹤通知的系統。

Google Cloud 在通知系統中的角色

Google Cloud 提供了完整的雲端平台與工具，其中 Firebase Cloud Messaging（FCM）是實現跨平台推播通知的核心服務。不管是網站、Android、iOS 或桌面裝置，都能透過 FCM 發送通知。

要特別注意的是，使用 FCM 前需要先在 Google Cloud Console 建立專案，並啟用 Firebase 服務，才能開始使用相關 API。而且 Firebase 專案需要與 Google Cloud 專案綁定，才能使用 Messaging 功能。

在 Google Cloud 建立專案

先到 Google Cloud Platform（GCP）（https://cloud.google.com）建立專案，輸入專案名稱後按下「建立」即可新增專案。

圖 19-1　建立專案

在 Firebase 建立 Messaging 服務

在 GCP 建好專案後，再到 Firebase 建立專案，可以在 Google 搜尋 Firebase 進入網站後，點擊右上角的「console」，或直接輸入網址：https://console.firebase.google.com/

❏ 建立 Firebase 專案

首先選擇「開始使用 Firebase 專案」。

PART 7　通知功能與後台推播應用

圖 19-2　選擇開始使用 Firebase 專案

如果要使用 FCM 功能，必須要跟 Google Cloud 專案綁定，因此在建立 Firebase 專案的步驟，必須要改選擇下方的那行小字：「將 Firebase 新增到 Google Cloud 專案」，這點需要特別注意。

圖 19-3　選擇「將 Firebase 新增到 Google Cloud 專案」

Chapter 19　Web Notifications API 結合 Google Cloud 的應用

圖 19-4　選擇剛剛在 GCP 建立的專案

開始使用前，建議閱讀注意事項，沒問題就按下繼續。

圖 19-5　閱讀注意事項

接下來會再詢問你要不要建立 Google Analysis，大家可以視情況建立，如果只是想要測試玩玩看，可以先略過。

建立完成就會自動跳到控制台首頁，畫面上會有我們在 GCP 建立的專案名稱，確認沒問題就可以繼續進行下去。

圖 19-6　Firebase 控制台畫面

❏ 設定 Messaging 功能

從左側選單依序選擇「建構」→「Messaging」，會開啟 Messaging 的服務畫面，畫面上有四個圖示，由左至右分別為 Apple iOS、Android、網路，以及 Unity，我們要建立的是 Web 應用程式，所以選擇第三個「網路」的圖示。

圖 19-7　建立 Web 應用程式

輸入應用程式的暱稱後，按下「註冊應用程式」。

圖 19-8　註冊應用程式

Firebase 會提供 NPM 或 `<script>` 的程式碼範例，本書的所以程式碼範例都是使用原生的 JavaScript，因此這邊 SDK 配置我選擇 `<script>`。

```
② 新增 Firebase SDK
    ○ 使用 npm    ● 使用 <script> 標記

如果不希望使用建構工具，你可以透過這個選項新增及使用 Firebase JS SDK。使用這個選項即可輕鬆展開作
業，但不建議用於已正式推出的應用程式。瞭解詳情。

使用任何 Firebase 服務之前，請先複製這些指令碼並貼到 <body> 標記的最下方：

<script type="module">
  // Import the functions you need from the SDKs you need
  import { initializeApp } from "https://www.gstatic.com/firebasejs/11.7.1/fire
  import { getAnalytics } from "https://www.gstatic.com/firebasejs/11.7.1/fireb
  // TODO: Add SDKs for Firebase products that you want to use
  // https://firebase.google.com/docs/web/setup#available-libraries

  // Your web app's Firebase configuration
  // For Firebase JS SDK v7.20.0 and later, measurementId is optional
  const firebaseConfig = {
    apiKey: "AIzaSyA9lJFHBl0RQ6joVHvGX4kOkTsgyWZtpYQ",
    authDomain: "web-notification-459705.firebaseapp.com",
    projectId: "web-notification-459705",
    storageBucket: "web-notification-459705.firebasestorage.app",
    messagingSenderId: "314033823953",
    appId: "1:314033823953:web:c6a222651ab47ea48465f0",
    measurementId: "G-G4XLB03BNN"
  };

  // Initialize Firebase
  const app = initializeApp(firebaseConfig);
  const analytics = getAnalytics(app);
</script>
```

圖 19-9　選擇 SDK 的方式，會有對應的程式碼範例

特別注意的是 Firebase 提供的這段範例程式碼，預設引入僅有 Firebase Analytics，而我們要使用的 Messaging CDN 為：https://www.gstatic.com/firebasejs/11.7.1/firebase-messaging.js。截稿當前 SDK 版號為 11.7.1，如果你閱讀此書時發現 SDK 的版號跟書上寫的不同，那請以 Firebase 提供的 SDK 版號為主。

程式碼 19-1 ▶▶ 初始化的 Firebase SDK

```
01. <!-- firebase-messaging-sw.js 用來監聽通知發送等事件，跟 CH18 的
    sw.js 內容相同，只是 firebase 有規範檔案名稱 -->
02. <script type="module" src="firebase-messaging-sw.js"></script>
03.
04. <script type="module">
05.   import { initializeApp } from "https://www.gstatic.com/
    firebasejs/11.7.1/firebase-app.js";
06.   // 引入 Firebase Messaging SDK
07.   import { getMessaging, getToken, onMessage } from 'https://
    www.gstatic.com/firebasejs/11.7.1/firebase-messaging.js';
08.   // 如果想安裝其它服務的 SDK，可以參考 avaliable libraries 文件
09.   // https://firebase.google.com/docs/web/setup#available-libraries
10.
11.   // 自己的 Firebase 設定檔，我隱藏了所有值
12.   const firebaseConfig = {
13.     apiKey: "",
14.     authDomain: "",
15.     projectId: "",
16.     storageBucket: "",
17.     messagingSenderId: "",
18.     appId: "",
19.     measurementId: ""
20.   };
21.
22.   // 初始化 Firebase
23.   const app = initializeApp(firebaseConfig);
24.   // 這裡也要改成使用 getMessaging();
25.   const messaging = getMessaging(app);
26. </script>
```

❏ 監聽事件

與 CH18 相同，我們要透過 firebase-messaging-sw.js 監聽 `push()` 事件，但使用 FCM 發送的推播通知，`event.data` 格式與 CH18 介紹的 Web Push 有一點不同，差別在於要正確處理 `notification` 屬性，參照程式碼 19-2 第 5 行。

程式碼 19-2 ▶▶ 監聽 push 事件

```
01. self.addEventListener('push', event => {
02.   const data = event.data.json();
03.   console.log('data', data);
04.
05.   self.registration.showNotification(data.notification.title, {
06.     body: data.notification.body,
07.     icon: data.notification.image,
08.     data: data.data
09.   });
10. });
11.
12. self.addEventListener('notificationclick', event => {
13.   event.notification.close();
14.   const url = event.notification.data?.url || '/';
15.   event.waitUntil(clients.openWindow(url));
16. });
```

再次提醒大家，記得監聽事件的這個檔案要取名為 firebase-messaging-sw.js，並且要上傳至根目錄。

❏ 申請 VAPID 金鑰並取得 FCM Token

我們在 CH18 使用了 Web Push 測試工具 Push Companion 來發送通知，當時 Push Companion 已經建好了一組 public key 以及 private key，我們可以直接啟用。而現在我們要用 Firebase 來申請這組金鑰。

點選左上角的「設定」圖示 →「雲端通訊」→「Generate key pair」產生一組金鑰，之後會使用這組金鑰取得對應的 token。

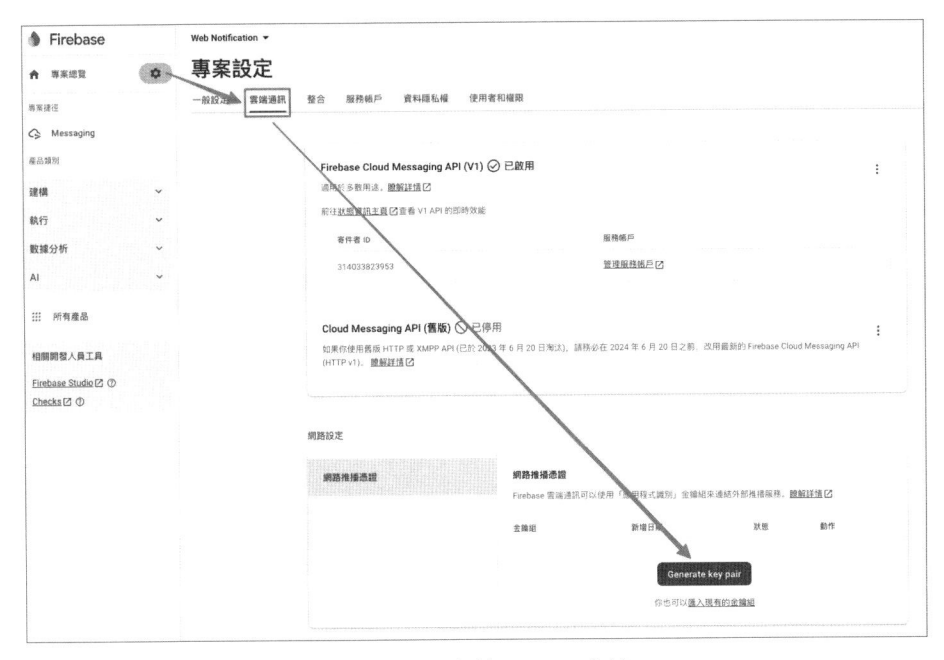

圖 19-10　申請 VAPID 金鑰

❏ 取得 **Firebase Messaging Token** 以確保服務連接成功

使用 getToken() 取得 Firebase Messaging 的 token，vapidKey 欄位填的是從 Firebase 申請的公鑰，在程式碼 19-1 插入 getToken()。

程式碼 19-3 ▶▶ 取得 token

```
01. getToken(messaging, { vapidKey: 'YOUR_VAPID_KEY' })
02.   .then(token => {
03.     console.log('FCM Token:', token);
04.   })
05.   .catch(err => console.error('無法獲取 FCM token:', err));
```

213

如果出現無法獲取 FCM token 的錯誤，可以打開 console 面板進行排查，這個問題就是沒有符合 Firebase 的命名規範，解決辦法是將 sw.js 檔案改名為 firebase-messaging-sw.js，會一再提醒就是因為很多朋友容易遺忘這個細節，所以請大家一定要注意。

```
▶無法獲取 FCM token:                                          notification-firebase.html:41
FirebaseError: Messaging: We are unable to register the default service worker. Failed to register a ServiceWorker for
scope ('https://muki.tw/firebase-cloud-messaging-push-scope') with script ('https://muki.tw/firebase-messaging-sw.js'): A
bad HTTP response code (404) was received when fetching the script. (messaging/failed-service-worker-registration).
    at registerDefaultSw (registerDefaultSw.ts:45:7)
    at async updateSwReg (updateSwReg.ts:31:38)
    at async getToken$1 (updateSwReg.ts:27:27)
```

圖 19-11　無法取得 FCM token 的原因之一：找不到檔案

修改成正確的檔名後再重新整理網頁，可以看到 FCM Token 印出了一串文字，表示我們已順利取得 token，這個 FCM Token 會在後續使用 Firebase Console 發送訊息時用到，大家可以先複製起來。

```
Service Worker 註冊成功: ▶ ServiceWorkerRegistration
Service Worker 註冊成功: ▶ ServiceWorkerRegistration
Content script has been loaded and is running.
FCM Token: cQdc3eQGCrKquGJ
```

圖 19-12　順利取得 token

因為要著重在 FCM 的設定步驟，所以程式碼的排列並不連貫，我將兩份完整的程式碼範例放在 Gist 給大家參考，大家可以直接拿來使用。

> **線上範例**
> https://gist.github.com/mukiwu/0a551b0ee496ca9fea3a010bf33c99a8
> 完整程式碼放在 Gist。

使用 Firebase Console 發送測試訊息

現在建好了 Firebase Messaging 專案,也順利取得了 token,接下來的步驟就是從控制台發送訊息給使用者。

在 Firebase 的左側選單點選「Messaging」,選擇「建立第一個廣告活動」→「Firebase 通知訊息」→「建立」。

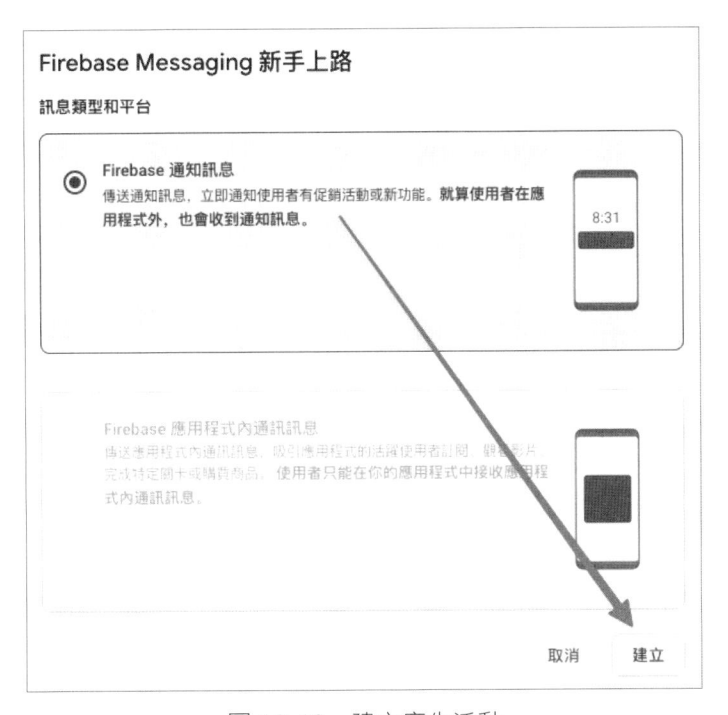

圖 19-13　建立廣告活動

❑ 填寫通知的相關資料

我設定了標題、內容、圖示,請參考圖 19-14。

圖 19-14　填寫通知的相關資料

第二步的指定目標，選擇我們建立的應用程式，我取的名字是 Web Notification Messaging。

圖 19-15　選擇指定目標

我還想要設定點擊通知後會跳轉的網址，這部分需要客製化參數，選擇「其它選項」→「自訂資料」填寫 key 與 value。key 是 url 參數，value 則是要點擊的網址。

圖 19-16　設定點擊通知後要跳轉的網址

以上步驟沒問題的話，就來發送一個測試通知吧。讓我們回到第一步，選擇「傳送測試訊息」。

圖 19-17　傳送測試訊息

測試之前需要輸入 FCM 註冊憑證，請參照圖片 19-12 網站回傳的 FCM Token，貼上後按「+」新增、選擇並進行測試。

圖 19-18　填上 FCM Token 並開始測試

按下「測試」後，就可以在桌面看到我們發送的通知，點擊通知也會打開對應的網址。

圖 19-19　收到測試通知

發送或排程通知

如果有成功收到測試的通知，我們就可以考慮使用 Firebase Console 幫我們發送通知。 Firebase Console 能讓我們不需要寫後端程式碼就可以發送通知，還有指定對象、設定排程、查看發送統計等功能。對於沒有專屬通知系統或後端人力的團隊而言，是一個低門檻、上手快的選擇。

圖 19-20　透過 Firebase Console 指定發送對象

發送後等一段時間，可以看到一些統計數據，包含傳送的通知次數以及開啟次數，也可以埋一些事件以追蹤更多資訊。

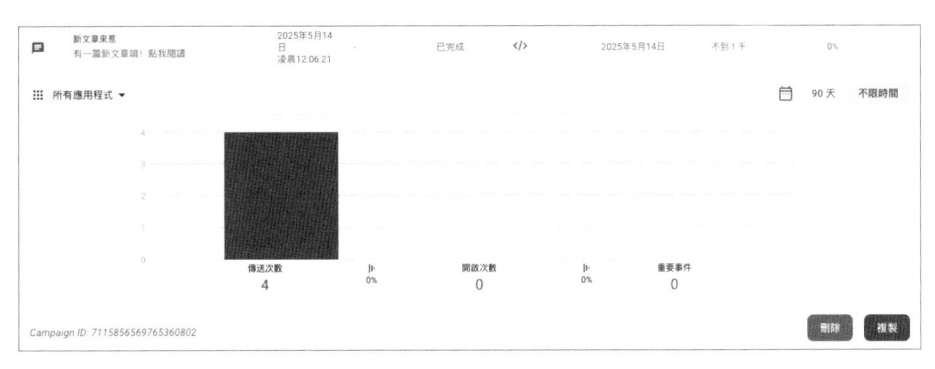

圖 19-21　透過 Firebase Console 可以看到通知相關的統計數據

常見問題

Q Firebase Console 發送通知與直接用程式碼呼叫 API 有什麼差別？

A Firebase Console 適合手動操作，主要用於行銷、公告、測試等場景；而透過程式碼串接 API 則可結合後端邏輯，實現動態、個人化、事件驅動的通知。若要自動化，還是建議用 API 串接較為穩妥。

Q 可以透過 Firebase Console 同時發送到網站與 App 嗎？

A Firebase Cloud Messaging 支援跨平台發送，只要裝置有訂閱對應的 Topic 或擁有相同的 Token，就能一併接收通知。

Q Firebase Console 可以設定通知排程嗎？

A 控制台內建排程功能，可以指定發送時間，但排程邏輯相對單純，若需要更彈性的排程，需要搭配 Firebase Functions 或外部系統。

Q Firebase Console 適合用來做大規模推播嗎？

A 不建議。Firebase Console 比較適合小規模、測試、行銷活動等使用。若要穩定處理高頻、大量、即時性通知，建議使用程式碼串接 FCM API，由後端管理推播流程。

小結

透過 Firebase Cloud Messaging，可以簡單地發送通知，也能排程與追蹤數據，讓網站和使用者之間的互動變得更主動、更即時。雖然過程不複雜，但整體的設定較為繁瑣，有跟著操作的話可以多看幾遍，也要留意像是 Service Worker 的命名、token 取得失敗等細節問題。

本章回顧

- 整合 Google Cloud 與 Firebase Cloud Messaging 建立 Web 通知系統。
- 專案設定、Firebase SDK 匯入與 Service Worker 的正確配置。
- 申請 VAPID 金鑰並取得 FCM Token。
- 修改 Service Worker 處理 Firebase 特有的通知格式。
- 使用 Firebase Console 測試與發送通知並帶入自訂資料。

Note

PART

8

網站效能與背景執行緒應用

透過 Web Workers 分擔主線程負擔，提升運算效能與使用者體驗

本篇學習目標

Chapter 20　使用 Web Workers API 走出自己的路

Chapter 21　Web Workers API 的限制與效能優化處理

Chapter 22　Web Workers API 的生命週期

Chapter 20 使用 Web Workers API 走出自己的路

一分鐘概覽

Web Workers API 是讓 JavaScript 在背景執行任務的工具，它能避免主執行緒被任務卡住，讓網頁保持順暢。根據不同需求，我們可以選擇 Dedicated Worker 來處理單頁任務、Shared Worker 讓多個頁面共享背景計算，或使用 Service Worker 攔截網路請求、實現離線支援。

Web 應用可以做到很多強大的功能，但也因此變得越來越複雜，瀏覽器不僅要處理資料，還得同時進行各種計算。雖然現代瀏覽器已經很強大，但如果每個分頁都跑著繁重的應用，很容易讓效能變慢，甚至整個瀏覽器卡死或當機。

為了改善這個問題，我們可以善用 Web Workers API。它就像是應用程式的快速通道，讓重度任務改在背景執行，主執行緒則保持順暢不卡關，讓網頁更有競爭力，走出屬於自己的路。

Web Workers 的類型與使用情境

Web Workers API 可以讓 JavaScript 在獨立的執行緒中工作，而不會影響主執行緒的效能，以提升 Web 應用的回應速度和使用者體驗。Web Workers 分為三種類型：Dedicated Workers、Shared Workers 和 Service Workers，每個類型都有特定的用途和特性，未來可以視需求挑選使用。

❏ Dedicated Workers

Dedicated 的中文是專門、專用的意思，表示它只能給一個主執行緒使用，而它也是最常見的 Web Worker 類型，用於執行計算複雜或需要長時間處理的任務，例如資料處理、圖片處理、或複雜的演算法等等，所以很適合在單個頁面中使用，我們會拿來進行獨立的後台任務處理。

以下是一個簡單的範例，首先在 main.js 建立一個 Worker 實例並傳遞消息，當 worker 使用 `postMessage()` 方法時，我們的 Worker 實例就能用 `onmessage` 監聽接收，有一點 web socket 的感覺。

程式碼 20-1 ▶▶ 使用 onmessage 監聽接收

```
01. // main.js
02. const worker = new Worker('worker.js');
03. worker.onmessage = function (e) {
04.   console.log('主執行緒收到結果 :', e.data);
05. };
06.
07. // 發送消息到 Worker
08. worker.postMessage(10);
```

建立 Worker 端接收並處理任務，處理完的任務會透過 `postMessage` 將結果傳回主執行緒。

程式碼 20-2 ▶▶ Worker 端接收並處理任務

```
01. // worker.js
02. self.onmessage = function (e) {
03.   // 假設任務是做一個複雜的計算
04.   const result = e.data * 3.1415926;
05.   self.postMessage(result);
06. };
```

我們可以使用 `terminate` 方法來停止 worker。

程式碼 20-3 ▶▶ 終止 worker 服務

```
worker.terminate();
```

如果 Worker 端在執行中出現錯誤，我們該怎麼告知使用者呢？ Worker 和 Web Socket 相同，都是使用 onerror 取得錯誤處理函式，不管是在 worker 或主執行緒都能使用。

程式碼 20-4 ▶▶ 使用 onerror 捕捉錯誤

```
01. // main.js
02. worker.onerror = function (e) {
03.   console.log('Error in Worker:', e.message);
04. };
05.
06. // worker.js
07. self.onerror = function (e) {
08.   console.log('Error in Worker:', e.message);
09. };
```

Dedicated Workers 的特色如下：

- 簡單好上手，適合處理單一任務。
- 只能被建立它的主執行緒（main.js）使用，不能跨頁面共享任務。

如果我們想要跨頁面共享任務，就必須要用下一個要介紹的「Sharaed Workers」。

❑ Shared Workers

Shared Workers 可以讓多個主執行緒（多個頁面或 iframe）共享同一個 Worker 實例，如果是同個域名下的多頁面或應用，需要共享後台任務處理的話，就非常適合用 Shared Workers。

首先，我們一樣要建立 Shared Worker 實例。程式碼看起來與 Dedicated Worker 類似，但最大的不同在於 Shared Worker 必須透過 `.port` 來進行通訊與共享任務處理。每個連接到 Shared Worker 的主執行緒，都會取得一個獨立的 port，透過這個 port 與 Worker 進行訊息交換。

程式碼 20-5 ▶▶ 在 main.js 建立 Shared Workers 實例

```
01. // main.js
02. const worker = new SharedWorker('shared-worker.js');
03.
04. worker.port.onmessage = function (e) {
05.   console.log(' 主執行緒收到結果 :', e.data);
06. };
07.
08. worker.port.start();
09. worker.port.postMessage({ source: 'main', message: 'Hello MUKI
    in main.js' });
```

在其它頁面再建立 Shared Workers 實例，這兩個頁面都會共用同一個 Worker。

程式碼 20-6 ▶▶ 在 event.js 建立 Shared Workers 實例

```
01. // event.js
02. const worker = new SharedWorker('shared-worker.js');
03.
04. worker.port.onmessage = function (e) {
05.   console.log(' 主執行緒收到結果 :', e.data);
06. };
07.
08. worker.port.start();
09. worker.port.postMessage({ source: 'event', message: 'Hello MUKI
    in event.js' });
```

> 特別注意程式碼 20-5 以及 20-6 的第 9 行，我有區別檔案名稱是 main.js 或 event.js。

接著建立 shared-worker.js 來處理 Worker 端接收到的消息。

程式碼 20-7 ▸▸ 處理從各個連接發送過來的消息

```
01. // shared-worker.js
02. let connections = 0;
03.
04. self.onconnect = function (e) {
05.   const port = e.ports[0];
06.   connections++;
07.   port.postMessage(`Worker 服務已連接,總連接數量:${connections}`);
08.
09.   port.onmessage = function (event) {
10.     // 處理從各個連接發送過來的消息
11.     const message = `來源:${event.data.source},內容:${event.data.message}`;
12.     // 將消息發送回所有連接的 port
13.     self.clients.matchAll().then(clients => {
14.       clients.forEach(client => {
15.         client.postMessage(message);
16.       });
17.     });
18.   };
19.
20.   port.onclose = function () {
21.     connections--;
22.   };
23. };
```

Shared Worker 必須遵守瀏覽器的同源政策,也就是必須在同一個域名和同一個 port 才能互相連接,共享同一個 Shared Worker 實例。

❏ Service Workers

我在 CH18 介紹 Web Notifications API 時,有搭配 Service Workers 發送通知。Service Workers 的特性就是處理網路的請求和快取資源,它們會在後台獨立運作,不會被頁面的生命週期影響,所以能在不開啟網頁,也就是應用離線的情況下繼續提供服務。

要使用 Service Workers 前，先檢查瀏覽器是否支援，如果支援，我們就透過 `register()` 方法註冊一個名為 service-worker.js 的 Service Workers 檔案。這個檔案會在背景獨立執行，負責攔截網路請求、快取資源等任務。

程式碼 20-8 ▶▶ 註冊 Service Workers

```
01. // main.js
02. if ('serviceWorker' in navigator) {
03.   navigator.serviceWorker.register('/service-worker.js').then
      (function (registration) {
04.     console.log('註冊成功', registration);
05.   }).catch(function (error) {
06.     console.log('註冊失敗', error);
07.   });
08. }
```

我們會在 service-worker.js 中處理各種事件，例如安裝（install），啟用（activate），以及網路請求（fetch）。

程式碼 20-9 ▶▶ 處理各種事件

```
01. self.addEventListener('install', function (event) {
02.   console.log('Service Worker 已安裝');
03. });
04.
05. self.addEventListener('activate', function (event) {
06.   console.log('Service Worker 已啟用');
07. });
08.
09. self.addEventListener('fetch', function (event) {
10.   console.log('Fetching:', event.request.url);
11.   event.respondWith(
12.     fetch(event.request).then(function (response) {
13.       return response;
14.     }).catch(function () {
15.       return new Response('網路請求失敗');
16.     })
17.   );
18. });
```

只要瀏覽器在有安裝（install）且有啟用（activate）的 Service Worker 作用域內做了任何的網路請求（fetch），就會自動觸發 fetch 事件。

以下是有可能觸發的方式：

- 第一次載入頁面：當瀏覽器載入頁面時，相關的資源請求如 HTML、CSS、JavaScript、圖片等，都會觸發 fetch 事件。
- 切換路由：當有新的頁面請求時，也會觸發 fetch 事件。
- 動態請求：透過 JavaScript 發送的如 fetch 或 XMLHttpRequest 也會觸發 fetch 事件。

常見問題

Q **Dedicated Worker 可以給多個頁面共用嗎？**

A 不行，Dedicated Worker 僅能給建立它的主執行緒使用。

Q **Service Worker 可以當作一般 Worker 使用嗎？**

A 不行，Service Worker 主要用於攔截網路請求與快取，並不適合處理一般計算任務。

小結

Web Workers API 幫助我們把複雜任務分流到背景，減輕主執行緒的負擔。理解三種 Worker 的差異與適用情境，可以讓你的 Web 應用變得更流暢、更穩定，避免「一頁拖垮整個瀏覽器」的窘境。

本章回顧

- Web Workers API 讓應用程式在背景執行，避免阻塞主執行緒。
- Dedicated Worker 適合單頁獨立任務，Shared Worker 可跨頁共用，Service Worker 則專注於網路攔截與離線支援。
- 選擇適當的 Worker 類型，才能充分發揮效能優勢。

Chapter 21 Web Workers API 的限制與效能優化處理

一分鐘概覽

Web Workers 讓 JavaScript 任務能在背景執行，大幅減輕主執行緒的負擔，提升整體效能與使用者體驗。不過，使用時仍需留意它的一些限制，例如無法直接操作 DOM、必須遵守同源政策，且僅支援部分 JavaScript API。要發揮 Web Workers 的最大價值，建議善用 postMessage() 進行通訊，搭配高效數據結構優化資料處理，同時將複雜任務適當拆分，並合理管理 Worker 的生命週期，才能讓網站效能穩定且資源運用得宜。

Web Workers 的限制

❏ 無法直接操作 DOM

Web Workers 的主要限制之一是無法直接存取 DOM，因為 Web Workers 的核心設計理念，就是讓計算任務脫離主執行緒，在並行的獨立執行緒中工作，避免造成頁面卡頓。因此，它們無法直接操作頁面上的元素或是修改 DOM。

不過，它的限制是 Web Workers 無法「直接」存取 DOM，我們還是能透過消息傳遞與主執行緒進行通訊，例如 Web Workers 可以透過 postMessage() 方法將資料送到主執行緒，主執行緒再使用 onmessage 事件處理接收資料並更新 DOM。

我們來實作一個簡單的範例，首先在 HTML 建立 `<p>` 標籤，用來顯示計算的結果。接著建立兩個檔案：main.js 以及 worker.js，分別做以下事情：

- **main.js**：建立 Worker 實例，並透過 `postMessage()` 方法將數字 42 傳送給 Worker。當 Worker 完成計算後，再使用 `postMessage()` 將結果傳回主執行緒，主執行緒則在 `onmessage` 事件中接收結果，並更新 HTML 的 `<p id="result"></p>` 元素內容。

- **worker.js**：接收來自主執行緒的數據後計算其平方，再將結果透過 `postMessage()` 傳回主執行緒。

程式碼 21-1 ▶▶ 透過 `postMessage()` 間接讓主執行緒操作 DOM

```
01. <!-- 顯示計算結果 -->
02. <p id="result"></p>
03.
04. // main.js
05. const worker = new Worker('worker.js');
06.
07. // 設定接收來自 Worker 的消息
08. worker.onmessage = function(event) {
09.     const data = event.data;
10.     // 更新 DOM 元素
11.     document.getElementById('result').textContent = `計算結果：${data.result}`;
12. };
13.
14. // 發送資料到 Worker
15. worker.postMessage({ number: 42 });
16.
17. // worker.js
18. onmessage = function(event) {
19.     const number = event.data.number;
20.     const result = number * number;
21.     // 將結果發送回主執行緒
22.     postMessage({ result: result });
23. };
```

透過這樣的訊息傳遞機制，可以有效將 Web Workers 的計算與 DOM 操作分離，避免了我們因直接操作 DOM 而造成主執行緒的阻塞。

必須同源才能通訊

Web Workers 的一個重要限制，就是只能載入與當前頁面相同來源的腳本（同源政策）。即使伺服器設定了 CORS，這個限制依然存在。這是出於瀏覽器的安全設計，防止潛在的跨站攻擊或從不可信來源載入惡意腳本，避免影響使用者的資料安全。

Web Workers 同源政策的原則如下：

- Worker 腳本必須與當前網頁的協議（protocol）、主機（host），以及 port 完全相同。
- 即使伺服器端設定了 `Access-Control-Allow-Origin`，也只能影響 Worker 裡面的 HTTP 請求，並不影響 Worker 腳本自身的載入限制。

❏ 實際情境

為了讓大家更了解這個政策，我們用實際的例子來說明。

我的部落格網址是 https://muki.tw，那我的 Worker 腳本也必須同樣來自 https://muki.tw。如果我想要載入來自 https://cdn.example.com 的 Worker 腳本，即使該 CDN 已正確設置 CORS header，瀏覽器依然不會讓我載入，它會拋出 SecurityError 錯誤。

❏ 統整解決跨域問題的方法

在 Web Worker 腳本需為同源的大前提下，我統整了碰到跨域時的處理方法，供大家作為參考。

- **確保同源**：最保險、最簡單的作法就是將 Worker 腳本放在網站的同一個主機或路徑下，確保不會踩到同源限制。
- **CDN 解法**：如果必須使用 CDN 載入外部腳本，可以考慮將腳本託管在與網站相同的來源下，例如我的網站是 https://muki.tw，我可以將 CDN 綁定為 https://cdn.muki.tw 確保同源。
- **伺服器代理**：如果一定要載入其它來源的 Worker 腳本，可以透過自己的伺服器建立代理，例如設一個 API 路由 `/worker-proxy`，由後端負責向目標來源請求資源，再轉交給前端。這樣對瀏覽器來說，請求來源仍然是同源，能有效繞過同源限制。這也是目前最常見、最安全且穩定的做法。

CORS 在 Worker 內的差異

在 Worker 裡進行 `fetch` 或 `XMLHttpRequest` 發送 HTTP 請求時，是可以進行跨域請求的，只要伺服器設定了正確的 CORS header。

但再次強調，這僅限於 Worker 執行緒內的 HTTP 請求，並不影響 Worker 腳本的載入限制。這是一開始使用 Web Worker 容易搞混的地方。

- ○ 正確：Worker 內可以使用 CORS 發送跨域 HTTP 請求。
- ✘ 不正確：Worker 腳本能透過 CORS 跨域載入。

這項限制雖然有些繁瑣，但卻是保護使用者的重要機制。因為 Worker 通常會用來處理大量資料或進行敏感計算，若能隨意從其它來源載入腳本，可能會導致資訊洩漏、被植入惡意代碼等風險。

支援部分 JavaScript API

Web Workers 並不支援所有的 JavaScript API，像是 `alert`、`confirm` 和 `prompt` 這些會跟使用者進行互動的 API，Web Workers 都不支援，因為它們無法在 Worker 執行緒中跳出對話框。此外，Web Workers 也不支援

`localStorage` 和 `sessionStorage` 等 Web Storage API，因為這些 API 依賴於存取 DOM 的能力，而我們在前面就提過，Web Workers 沒辦法直接存取 DOM。

因此在使用 Web Workers 時必須考慮到它的特性，選擇適合的 API 進行開發，Web Workers 最重要的特色就是處理大量的資料數據以及網路請求，使用 `fetch` 和 `XMLHttpRequest` 等 API，是能將 Web Workers 功能發揮到淋漓盡致的最好辦法。

效能優化建議

❏ 拆分複雜的任務

在使用 Web Workers 時，將複雜且需密集計算的任務拆分為更小的子任務，可以避免單個 Worker overload，也能提高計算效率。

在程式碼 21-1 計算了單一數字的平方值，這個任務並不複雜，數據量也不大。現在我們要來模擬複雜一點的任務。

假設我們有一筆包含 100 萬筆隨機數字的資料，這種大量且密集的運算若直接在主執行緒處理，容易導致頁面卡頓甚至讓瀏覽器無回應掛掉。因此，我們可以使用 Web Worker 將資料分批交給背景執行緒處理。

接下來的範例，我將 `largeData` 拆成四個區塊，每個區塊分別透過 Worker 執行 `processChunk` 函式來計算總和，再將各區塊的計算結果回傳給主執行緒，由主執行緒負責合併最終結果。這樣就能避免 Worker Over Loading，也讓瀏覽器保持順暢，充分發揮 Web Worker 在處理大量資料時的優勢。

程式碼 21-2 ▶▶ 主執行緒 web-worker-main.js

```
01.  // web-worker-main.js
02.
03.  // 建立 Worker 實例
04.  const worker = new Worker('web-worker-chunk.js');
05.
06.  // 記錄每個子任務結果
07.  const results = [];
08.  let receivedCount = 0;
09.
10.  // 接收來自 Worker 的訊息
11.  worker.onmessage = function (event) {
12.    const { result, index } = event.data;
13.    console.log(`Worker 回傳 Chunk ${index} 的結果：${result}`);
14.    results[index] = result;
15.    receivedCount++;
16.
17.    // 當所有子任務完成，合併結果
18.    if (receivedCount === 4) {
19.      const total = results.reduce((sum, val) => sum + val, 0);
20.      console.log(`所有子任務完成，總合計：${total}`);
21.      console.timeEnd('worker');
22.    }
23.  };
24.
25.  // 拆分複雜的任務並發送給 Worker
26.  function processLargeData(data) {
27.    console.time('worker');
28.    const chunkSize = Math.ceil(data.length / 4);
29.    for (let i = 0; i < 4; i++) {
30.      const chunk = data.slice(i * chunkSize, (i + 1) * chunkSize);
31.      console.log(`發送 Chunk ${i}，資料筆數：${chunk.length}`);
32.      worker.postMessage({ chunk, index: i });
33.    }
34.  }
35.
36.  // 產生 100 萬筆隨機數字 ( 模擬大量數據處理 )
37.  const largeData = Array.from({ length: 1000000 }, () => Math.floor(Math.random() * 100));
38.  console.log(`準備處理大型資料，共 ${largeData.length} 筆`);
39.  processLargeData(largeData);
```

程式碼 21-3 ▶▶ Worker 腳本 web-worker-chunk.js

```
01. // web-worker-chunk.js
02.
03. // 接收主執行緒的數據，處理每個子任務
04. onmessage = function (event) {
05.   const { chunk, index } = event.data;
06.   console.log(`Worker 接收到 Chunk ${index}，開始處理...`);
07.   const result = processChunk(chunk);
08.   console.log(`Worker 完成 Chunk ${index} 的處理`);
09.   postMessage({ result, index });
10. };
11.
12. function processChunk(chunk) {
13.   if (!chunk || !Array.isArray(chunk)) {
14.     console.warn(' 收到不合法的 chunk 資料', chunk);
15.     return 0;
16.   }
17.
18.   let sum = 0;
19.   for (let i = 0; i < chunk.length; i++) {
20.     sum += chunk[i];
21.   }
22.   return sum;
23. }
```

最後在 HTML 頁面載入 web-worker-main.js 即可，不需要載入 web-worker-chunk.js，因為 web-worker-chunk.js 是被 web-worker-main.js 透過程式碼 21-2 的第 4 行 `new Worker('web-worker-chunk.js')` 動態載入的。

程式碼 21-4 ▶▶ 載入 web-worker-main.js

```
<script src="web-worker-main.js"></script>
```

打開 HTML 的 console 面板，可以看到 worker 腳本（web-worker-chunk.js）的執行與主執行緒（web-worker-main.js）的接收過程。

```
14:42:57.348 準備處理大型資料，共 1000000 筆
14:42:57.348 發送 Chunk 0，資料筆數：250000
14:42:57.349 發送 Chunk 1，資料筆數：250000
14:42:57.350 發送 Chunk 2，資料筆數：250000
14:42:57.351 發送 Chunk 3，資料筆數：250000
14:42:57.790 Worker 接收到 Chunk 0，開始處理...
14:42:57.791 Worker 完成 Chunk 0 的處理
14:42:57.793 Worker 接收到 Chunk 1，開始處理...
14:42:57.794 Worker 完成 Chunk 1 的處理
14:42:57.794 Worker 回傳 Chunk 0 的結果：12333377
14:42:57.796 Worker 接收到 Chunk 2，開始處理...
14:42:57.796 Worker 完成 Chunk 2 的處理
14:42:57.798 Worker 接收到 Chunk 3，開始處理...
14:42:57.798 Worker 完成 Chunk 3 的處理
14:42:57.890 Content script has been loaded and is running.
14:42:57.890 Worker 回傳 Chunk 1 的結果：12374392
14:42:57.908 Worker 回傳 Chunk 2 的結果：12329594
14:42:57.908 Worker 回傳 Chunk 3 的結果：12384188
14:42:57.908 所有子任務完成，總合計：49421551
14:42:57.908 worker: 560.10595703125 ms
```

圖 21-1　Web Worker 的執行過程

什麼時候適合使用 Web Worker？

我們來實驗一下，如果把程式碼 21-2 到 21-4 改成不使用 Web Worker，全部由主執行緒來處理這 100 萬筆資料的加總，看一下會發生什麼事情。

```
15:14:23.714 主執行緒開始處理大型資料，共 1000000 筆
15:14:23.714 主執行緒開始處理 Chunk 0，資料筆數：250000
15:14:23.715 主執行緒完成 Chunk 0 的處理，結果：12389711
15:14:23.715 主執行緒開始處理 Chunk 1，資料筆數：250000
15:14:23.715 主執行緒完成 Chunk 1 的處理，結果：12380438
15:14:23.715 主執行緒開始處理 Chunk 2，資料筆數：250000
15:14:23.715 主執行緒完成 Chunk 2 的處理，結果：12395111
15:14:23.715 主執行緒開始處理 Chunk 3，資料筆數：250000
15:14:23.715 主執行緒完成 Chunk 3 的處理，結果：12394528
15:14:23.715 所有子任務完成，總合計：49559788
15:14:23.715 no-worker: 1.47900390625 ms
```

圖 21-2　沒有使用 Web Worker 的執行過程

圖 21-1 使用 Web Worker 的執行時間為 560ms，圖 21-2 沒有使用 Web Worker 的執行時間居然降低很多，只有 1.47ms。

「那我前面不是白忙一場嗎？」這是很多人一開始使用 Web Worker 時會有的疑問。因為 Web Worker 的目的是避免主執行緒因耗時任務被卡住、被阻塞，而不是為了讓運算速度變快。

讓我再新增一個按鈕，並在網頁運算資料的同時點擊它。透過瀏覽器的 Console 面板可以觀察到，在使用 Web Worker 的情況下，按鈕的點擊事件不會被阻塞，即使背景正在進行運算，按鈕仍然能即時回應並執行對應的功能。

而在沒有使用 Web Worker 的情況下，我點擊按鈕時會發現頁面毫無反應，直到整個運算任務結束後，才會處理按鈕的事件。這就清楚顯示出 Web Worker 能避免主執行緒被長時間運算阻塞，保持頁面互動順暢。

```
15:11:52.273 準備處理大型資料，共 1000000 筆
15:11:52.273 發送 Chunk 0，資料筆數：250000
15:11:52.274 發送 Chunk 1，資料筆數：250000
15:11:52.276 發送 Chunk 2，資料筆數：250000
15:11:52.277 發送 Chunk 3，資料筆數：250000
15:11:52.716 點我執行一段文字
15:11:52.734 Worker 接收到 Chunk 0，開始處理...
15:11:52.735 Worker 完成 Chunk 0 的處理
15:11:52.737 Worker 接收到 Chunk 1，開始處理...
15:11:52.737 Worker 完成 Chunk 1 的處理
15:11:52.739 Worker 接收到 Chunk 2，開始處理...
15:11:52.739 Worker 完成 Chunk 2 的處理
15:11:52.742 Worker 接收到 Chunk 3，開始處理...
15:11:52.742 Worker 完成 Chunk 3 的處理
15:11:52.838 Content script has been loaded and is running.
15:11:52.839 Worker 回傳 Chunk 0 的結果：12382249
15:11:52.839 Worker 回傳 Chunk 1 的結果：12380233
15:11:52.839 Worker 回傳 Chunk 2 的結果：12374042
15:11:52.844 Worker 回傳 Chunk 3 的結果：12378034
15:11:52.844 所有子任務完成，總合計：49514558
15:11:52.844 worker: 570.47607421875 ms
```

圖 21-3　使用 Web Worker 不會阻塞主執行緒

```
15:12:56.831 主執行緒開始處理大型資料，共 1000000 筆
15:12:56.831 主執行緒開始處理 Chunk 0，資料筆數：250000
15:12:56.831 主執行緒完成 Chunk 0 的處理，結果：12373888
15:12:56.832 主執行緒開始處理 Chunk 1，資料筆數：250000
15:12:56.832 主執行緒完成 Chunk 1 的處理，結果：12387697
15:12:56.832 主執行緒開始處理 Chunk 2，資料筆數：250000
15:12:56.832 主執行緒完成 Chunk 2 的處理，結果：12390726
15:12:56.832 主執行緒開始處理 Chunk 3，資料筆數：250000
15:12:56.832 主執行緒完成 Chunk 3 的處理，結果：12392034
15:12:56.832 所有子任務完成，總合計：49544345
15:12:56.832 no-worker: 1.48193359375 ms
15:12:57.383 Content script has been loaded and is running.
15:12:57.810 點我執行一段文字
```

圖 21-4　沒有使用 Web Worker 會阻塞主執行緒

再強調一次 Web Worker 的核心觀念,它是用來解決「因為主執行緒阻塞而導致使用者體驗下降」的問題,不是為了讓計算變得更快。

所以在資料量小、運算簡單的情境下,直接在主執行緒處理會比較好。

■ 什麼情境下適合使用 Web Worker ?

使用情境	建議	原因
資料量極大(數百萬筆以上)	使用	主執行緒會明顯卡住或耗時的情況下,可以使用 Web Worker 減輕負擔。
單筆計算複雜(如影像處理)	使用	單筆計算時間成本高,適合使用 Web Worker。
資料量小、運算簡單	不使用	Web Worker 建立與通訊成本高於運算本身。

線上範例

https://mukiwu.github.io/web-api-demo/web-worker.html

有使用 Web Worker。

線上範例

https://mukiwu.github.io/web-api-demo/web-worker1.html

沒有使用 Web Worker。

常見問題

Q Web Worker 可以直接修改畫面嗎？

A 不行，需要透過 `postMessage()` 將資料送到主執行緒處理。

Q 可以跨域載入 Web Worker 腳本嗎？

A 不行，即使有設定 CORS，腳本本身也必須來自同源。

Q 使用 Web Worker 為什麼反而覺得延遲更高？

A Web Worker 本身就有開銷包含啟動、傳遞資料、序列化等等，尤其在資料量不大、運算簡單的情況下，這些額外的處理反而讓總體執行時間增加。而且 Web Worker 的核心優勢不在「縮短單次任務延遲」，而是讓長時間任務不會阻塞主執行緒，改善使用者互動的流暢感。

小結

Web Worker 是提升使用者體驗的好幫手，能讓網頁在執行大量運算時，介面依然保持流暢。但關鍵在於理解它的適用場景，才能發揮它真正的價值，否則會因為不必要的延遲與開銷得不償失。

本章回顧

- Web Worker 可以讓 JavaScript 任務在背景執行，避免主執行緒被長時間運算阻塞。

- Web Worker 無法直接操作 DOM，只能透過 postMessage 與主執行緒通訊。

- Worker 腳本必須同源，無法透過 CORS 解決腳本載入的限制。

- Web Worker 的優勢是改善使用者體驗，解決主執行緒堵塞的情況，而非讓計算速度提升。

Chapter 22 管理 Web Worker 的生命週期與資源

一分鐘概覽

Web Worker 在瀏覽器中是獨立的執行緒，會占用額外資源。如果不適當管理，可能導致記憶體浪費與性能下降。透過合理使用 terminate()、建立 Worker Pool 來重用 Worker，以及使用高效的數據結構如 ArrayBuffer、SharedArrayBuffer，可以讓 Worker 的資源管理與資料傳輸更加穩定且高效。

■ 瀏覽器和平台相容性

瀏覽器 / 裝置	Web Workers	ArrayBuffer / TypedArray	SharedArrayBuffer
Chrome	支援	支援	支援
Firefox	支援	支援	支援
Safari	支援	支援	支援
Edge	支援	支援	支援

重用 Web Worker，避免浪費資源

我們需要合理的使用 Worker，並儘量重用已有的 Worker 實例，避免不斷建立新的實例；此外，在不需要用到 Worder 時，可以使用 `terminate` 方法來終止 Worker，以釋放系統資源。

因為未使用的 Workers 會消耗系統資源，可能導致 memory leak 等問題，除了使用 terminate() 方法關閉 Worker 之外，也可以使用 Worker Pool 來重用 Workers，而不是每次都建立新的 Worker，這樣可以減少重複新增 / 銷毀 Workers，提高速度與效能。

使用 terminate() 方法關閉不再需要的 Worker

當不再需要 Worker 執行任務時，我們要主動呼叫 terminate() 方法來關閉 Worker，避免讓它持續佔用系統資源。使用方式很簡單，只需要一行 worker.terminate() 就可以讓 Worker 立刻終止，不用等待當前任務完成。

程式碼 22-1 ▶▶ 手動關閉 Worker

```
01. const worker = new Worker('worker.js');
02.
03. // 發送任務
04. worker.postMessage('Hello, Worker!');
05.
06. // 任務完成或不再需要時，手動關閉 Worker
07. worker.terminate();
08. console.log('Worker 已終止 ');
```

❏ 不關閉 Worker 可能造成的問題

Web Worker 是獨立於主執行緒運作的背景執行緒，它們會一直存在瀏覽器中，直到我們主動使用 terminate() 終止它們為止。即使 Worker 沒有在處理任務，仍然會佔用一定的系統資源，包括記憶體、排程資源，甚至保持與主執行緒的連線。

當我們使用了太多 Worker 又不關閉，就可能出現以下問題：

- 網頁記憶體用量不斷增高，拖慢整個效能。

- 同時存在多個閒置的 Worker，導致 CPU 有不必要的排程開銷。
- 當 Worker 內部持續保留資料或監聽事件時，可能造成記憶體無法釋放，變成 memory leak（記憶體洩漏）。

因此，養成良好的習慣，在任務完成或不再需要 Worker 時，記得主動呼叫 `terminate()`，才不會讓瀏覽器或分頁當機。

建立 Worker Pool，有效管理 Worker 資源

如果我們要頻繁使用 Web Worker，或同時有多個任務要處理時，可以考慮使用 WorkerPool 幫助我們有效管理這些 Worker 資源。

Worker Pool 的用途是讓我們事先建立好一定數量的 Worker 實例，並重複使用這些 Worker，而不是每次任務來了就重新建立全新的 Worker，這樣可以大幅降低 Worker 的建立與銷毀成本，減少不必要的資源浪費。

❑ Worker Pool 介紹與基礎範例

我們來建立一個 Worker Pool，裡面有 4 個 Worker，然後透過 `getWorker()` 取得可用的 Worker，任務完成後再呼叫 `releaseWorker()`，將完成任務的 Worker 放回池中，以待後續再被呼叫重用，如此就能重複利用相同的 Worker，減少浪費。

程式碼 22-2 ▶▶ Worker Pool 基礎範例

```
01. // 建立 WorkerPool 類別
02. class WorkerPool {
03.   constructor(size, script) {
04.     this.pool = [];
05.     // 根據指定的 size，建立對應數量的 Worker 實例
06.     for (let i = 0; i < size; i++) {
07.       this.pool.push(new Worker(script));
08.     }
09.   }
```

```
10.
11.    // 從池中取出一個 Worker
12.    getWorker() {
13.      return this.pool.pop();
14.    }
15.
16.    // 使用完後,將 Worker 放回池中
17.    releaseWorker(worker) {
18.      this.pool.push(worker);
19.    }
20.  }
21.
22.  // 建立一個 Worker Pool,包含 4 個 Worker,使用同一個 worker.js 腳本
23.  const pool = new WorkerPool(4, 'worker.js');
24.
25.  // 取得一個可用的 Worker
26.  const worker = pool.getWorker();
27.
28.  // 發送任務給 Worker
29.  worker.postMessage('Hello, Worker!');
30.
31.  // 接收 Worker 回傳的結果
32.  worker.onmessage = function(event) {
33.    console.log('Received from Worker:', event.data);
34.
35.    // 任務完成後,將 Worker 放回 Pool,方便後續重複使用
36.    pool.releaseWorker(worker);
37.  };
```

❑ Worker Pool 的設計和使用場景

在看程式碼時,大家可能會疑惑,為什麼我的 `size` 要設為 4 呢?

如果應用程式只需要執行一個任務,且這個任務不會被分割成多個子任務來同時處理,那我們將 `size` 設為 1 的確更為合理,因為這樣我們的 Worker Pool 就只會有一個 Worker 實例。

但是在一些情境下,即使我們只有一個 worker.js 檔案,還是可能需要多個 Worker 同時處理多個任務,這時候使用多個 Worker 就有意義了。例

如在處理大量數據資料或圖片時，我們可以將資料分成多個部分，並分配給不同的 Worker 同時處理，以加快處理的速度。

❏ 如何知道取出的是哪一個 Worker？

以上面的程式碼為例，我們設定 `size = 4`，這時候的 Worker Pool 會包含 4 個不同的 Worker 實例，但它們都會執行相同的 worker.js 腳本。但我們並不需要關心取到的是哪一個 Worker，因為它們執行的代碼和邏輯都是相同的。

我們只要知道，每次呼叫 `getWorker()` 時，會從 Worker Pool 取出一個可用的 Worker。這個 Worker 將會被用來執行一個任務，而在任務完成後，我們再呼叫 `releaseWorker(worker)` 將它放回池中，這樣其它任務就可以再次使用它。

替每個 Worker 指定名稱，以便於除錯或管理

雖然在大多數情況下，當所有 Worker 執行相同的腳本且無需個別管理時，我們不需要關心取到的是哪一個 Worker。然而，如果我們就是想要追蹤或管理特定的 Worker 實例的話，不用擔心，這部分還是做得到！我們可以在建立 Worker 時指定名稱，或實作更進階的管理機制。

❏ 分配 Worker 任務的方法

我們在管理 Worker Pool 時，可以為每個 Worker 指定唯一的 id，這樣有助於在開發過程中辨識不同的工作執行緒，特別是在處理多個任務或進行除錯時非常有用。透過為 Worker 實例設定自定義的 `id` 屬性（例如：`worker.id = i + 1`），就能在日誌訊息中清楚識別每個 Worker，追蹤其工作狀態和完成情況，大幅提升開發和測試的效率。

現在我們就來建立一個 Worker Pool，並管理任務分配、監控任務狀態與輸出日誌。執行流程大致如下：

1. 頁面載入後，先初始化 Worker Pool，裡面共有 4 個 worker。
2. 每個 Worker 在初始化時，都會有自己的 `id`，方便除錯與辨識。
3. 當呼叫 `assignTask()` 分配任務時，系統會檢查是否有空閒的 Worker：
   (a) 如果有就指派任務給該 Worker，並將它標記為忙碌（`isBusy = true`）。
   (b) 如果沒有，就將任務加入排隊佇列。
4. Worker 完成任務後會透過 `postMessage()` 回傳結果，WorkerPool 會接收結果，再將該 Worker 標記為空閒（`isBusy = false`），如果佇列中有任務，再自動將任務指定給空閒的 Worker。

程式碼 22-3 ▶▶ 建立 Worker Pool 管理任務分配與監控日誌

```
01. class WorkerPool {
02.   constructor(size, script) {
03.     addLog(`建立 WorkerPool，數量：${size}，使用腳本：${script}`);
04.     this.pool = [];
05.     this.taskQueue = [];
06.
07.     for (let i = 0; i < size; i++) {
08.       addLog(`建立 Worker ${i + 1}/${size}`);
09.       const worker = new Worker(script);
10.
11.       // 自訂 id，讓每個 Worker 可辨識
12.       worker.id = i + 1;
13.
14.       // 設定是否忙碌的狀態
15.       worker.isBusy = false;
16.
17.       // 設定 Worker 的監聽事件（處理結果、日誌、錯誤）
18.       this._setupWorkerEvents(worker);
19.
20.       // 加入到 Pool
21.       this.pool.push(worker);
22.     }
```

```javascript
23.
24.      addLog(`WorkerPool 已建立完成,共 ${this.pool.length}
    個 Worker`);
25.    }
26.
27.    // 設定 Worker 的 onmessage 與 onerror 事件
28.    _setupWorkerEvents(worker) {
29.      worker.onmessage = (event) => {
30.        const data = event.data;
31.
32.        // 如果是任務結果
33.        if (typeof data === 'object' && data.type === 'result') {
34.          addLog(`Worker ${worker.id} 完成任務: ${data.task}'
    耗時: ${data.time}ms, 結果: ${data.result}`, 'task-done');
35.
36.          worker.isBusy = false;
37.          this._processNextTask();
38.        }
39.        // 如果是日誌訊息或錯誤訊息
40.        else if (typeof data === 'string') {
41.          if (data.includes('[Worker 日誌]')) {
42.            addLog(`Worker ${worker.id}: ${data}`, 'worker-log');
43.          } else if (data.includes('[Worker 錯誤]')) {
44.            addLog(`Worker ${worker.id}: ${data}`, 'task-error');
45.          } else {
46.            addLog(`Worker ${worker.id}: ${data}`, 'worker-log');
47.          }
48.        }
49.      };
50.
51.      worker.onerror = (error) => {
52.        addLog(`Worker ${worker.id} 發生錯誤: ${error.message || '
    未知錯誤'}`, 'task-error');
53.        worker.isBusy = false;
54.        this._processNextTask();
55.      };
56.    }
57.
58.    // 嘗試分配下一個排隊中的任務
59.    _processNextTask() {
60.      if (this.taskQueue.length > 0) {
61.        const nextTask = this.taskQueue.shift();
62.        addLog(` 從隊列中取出任務: ${nextTask},現隊列長度: ${this.
    taskQueue.length}`);
63.        this.assignTask(nextTask);
```

```
64.    }
65.  }
66.
67.  // 取得目前空閒的 Worker
68.  getAvailableWorker() {
69.    const worker = this.pool.find(worker => !worker.isBusy);
70.    if (worker) {
71.      addLog(`找到可用的 Worker ${worker.id}`);
72.    } else {
73.      addLog(`沒有可用的 Worker`);
74.    }
75.    return worker;
76.  }
77.
78.  // 分配任務
79.  assignTask(task) {
80.    addLog(`開始分配任務：${task}`);
81.    const worker = this.getAvailableWorker();
82.
83.    if (worker) {
84.      addLog(`將任務 ${task} 分配給 Worker ${worker.id}`);
85.      worker.isBusy = true;
86.      worker.postMessage(task);
87.    } else {
88.      // 無可用 Worker，加入隊列
89.      this.taskQueue.push(task);
90.      addLog(`沒有可用的 Worker，任務 ${task} 已加入隊列，隊列長度：${this.taskQueue.length}`);
91.    }
92.  }
93. }
94.
95. // 初始化流程
96. addLog('頁面已載入，準備初始化 WorkerPool');
97.
98. // 建立一個 WorkerPool
99. const pool = new WorkerPool(4, 'worker.js');
100.
101. // 分配多個任務
102. addLog('開始分配預設任務');
103. pool.assignTask('Task 1');
104. pool.assignTask('Task 2');
105. pool.assignTask('Task 3');
106. pool.assignTask('Task 4');
107. pool.assignTask('Task 5');
```

線上範例

https://mukiwu.github.io/web-api-demo/web-worker-pool.html

在這個範例中,如何規劃 Worker Pool 才是重點,所以我就省略介紹 worker 腳本,大家可以掃描上方的 QRCode 範例,裡面有完整的 worker.js 腳本程式碼。

圖 22-1　參考日誌可以清楚看到每個 Worker 的執行狀況

❏ 限制同時執行的 Worker 數量

我們也可以透過 Worker Pool 管理和限制同時執行的 Worker 數量。

程式碼 22-4 ▶▶ 限制 Worker 數量

```
01.  class WorkerPool {
02.    constructor(size, script) {
03.      this.pool = [];
04.      this.taskQueue = [];
05.
06.      for (let i = 0; i < size; i++) {
07.        this.pool.push(new Worker(script));
08.      }
09.
10.      this.activeWorkers = 0;
11.      this.maxWorkers = size;
12.    }
13.
14.    runTask(task) {
15.      if (this.activeWorkers < this.maxWorkers) {
16.        const worker = this.pool.pop();
17.        this.activeWorkers++;
18.        worker.postMessage(task);
19.
20.        worker.onmessage = (event) => {
21.          console.log('Task completed:', event.data);
22.          this.activeWorkers--;
23.          this.pool.push(worker);
24.
25.          if (this.taskQueue.length > 0) {
26.            this.runTask(this.taskQueue.shift());
27.          }
28.        };
29.      } else {
30.        this.taskQueue.push(task);
31.      }
32.    }
33.  }
34.
35.  // 範例：建立一個 WorkerPool，並限制同時執行的 Worker 數量
36.  const pool = new WorkerPool(2, 'worker.js'); // 最多同時運行 2 個 Worker
```

```
37.
38.   // 分配多個任務
39.   pool.runTask('Task 1');
40.   pool.runTask('Task 2');
41.   pool.runTask('Task 3');  // 這個任務將在前兩個任務完成後才會開始
42.   pool.runTask('Task 4');  // 這個任務將在第三個任務完成後才會開始
```

使用效率較高的數據結構

除了管理 Worker 的數量與負載之外，還有一個可以優化 Worker 的方法，就是選擇適合的數據結構。

在處理大量數據或需要高頻繁傳輸的場景，如果仍然使用 JSON 或一般物件來傳遞資料，不僅會增加序列化負擔，還會佔用更多的記憶體與傳輸時間，以下分享幾種高效的數據結構方式。

❏ ArrayBuffer 和 TypedArray

ArrayBuffer 是低階的數據結構，用來表示原始二進制數據的固定長度緩衝區，它不直接操作數據，而是像容器一樣提供儲存空間。

TypedArray 則是用來在 `ArrayBuffer` 操作數據的 view，程式碼 22-5 第 3 行的 `Int32Array` 就是 `TypedArray` 的一種。

程式碼 22-5 ▶▶ 建立 ArrayBuffer 以及 TypedArray

```
01.  // 建立 ArrayBuffer 以及 TypedArray
02.  const buffer = new ArrayBuffer(16);
03.  const intView = new Int32Array(buffer);
04.
05.  // 定義資料
06.  intView[0] = 123;
07.  intView[1] = 456;
08.
09.  // 讀取資料
10.  console.log(intView[0]); // 123
```

❏ SharedArrayBuffer

SharedArrayBuffer 是一種特殊的 ArrayBuffer，可以在主執行緒和 Web Worker 之間共享。它提供了低延遲的數據交換方式，適合需要在多個執行緒間共享大量數據的場景。

```javascript
01. // 主執行緒 (main.js)
02. const sharedBuffer = new SharedArrayBuffer(1024);
03. const sharedArray = new Int32Array(sharedBuffer);
04.
05. // 發送 SharedArrayBuffer 到 Worker
06. const worker = new Worker('worker.js');
07. worker.postMessage(sharedBuffer);
08.
09. // Worker 腳本 (worker.js)
10. onmessage = function(event) {
11.     const sharedArray = new Int32Array(event.data);
12.     // 修改共享數據
13.     sharedArray[0] = 789;
14. };
```

使用 SharedArrayBuffer 需要額外注意資安問題

由於 SharedArrayBuffer 可以讓多個執行緒存取同一塊記憶體，瀏覽器為了防止 Side Channel Attack 等風險，要求啟用 COOP（Cross-Origin-Opener-Policy）與 COEP（Cross-Origin-Embedder-Policy）Header 設定，否則瀏覽器會禁止使用 SharedArrayBuffer。

```
Cross-Origin-Opener-Policy: same-origin
Cross-Origin-Embedder-Policy: require-corp
```

這些安全設定有助於隔離瀏覽器內的執行緒，減少資訊洩漏的風險。

JSON 與 ArrayBuffer 的差別

JSON 是 Web 端最常用的資料交換格式，但如果要在資料量龐大的情況下使用 JSON 格式，會有明顯的效能問題：

- 序列化與反序列化開銷大：我們每次傳遞時，都要將資料轉成字串格式，Worker 腳本收到後還要解析成 JSON，這個過程非常的耗時。
- 資料冗長：在將數字、陣列、物件轉成字串時，都會大幅增加資料的體積，跟二進制格式相比效率明顯變低。
- 無法直接操作記憶體緩衝區：JSON 是以字串形式處理資料，無法像 ArrayBuffer 那樣直接存取與操作記憶體中的二進位數據，因此在處理大量數據（如圖片、音檔）時，效能會明顯降低。

常見問題

Q 我已經用了 Worker Pool，為什麼感覺還是有延遲？

A 可能是資料傳遞的方式沒有優化，可以檢查是否使用了像 JSON、物件等開銷較大的資料格式，如果是的話，推薦改用 `ArrayBuffer` 或 `SharedArrayBuffer` 可以減少傳輸時間。

Q Worker Pool 是不是越大越好？

A Worker Pool 的大小建議參考 CPU 或應用的情境，過大反而會增加資源搶用與切換成本。

Q SharedArrayBuffer 一定需要嗎？

A 只有在需要多個 Worker 間共享大量即時資料時才有必要，一般任務使用 `postMessage` 傳遞 `ArrayBuffer` 已經足夠。

Chapter 22 管理 Web Worker 的生命週期與資源

小結

這一章我們學會如何透過 Worker Pool 來有效管理 Worker 的生命週期，避免不必要的重複建立與銷毀，並透過任務分配與排隊機制，讓資源使用更穩定、更可控。

同時，我們也認識了高效的數據結構，如 ArrayBuffer 與 SharedArrayBuffer，幫助我們在處理大量資料與高頻傳輸有更好的選擇。

本章回顧

- Worker Pool 可以幫助我們有效管理 Worker 生命週期，避免重複建立與銷毀造成資源浪費。
- 任務分配機制能讓 Worker Pool 自動管理忙碌與空閒的 Worker，提升處理效率。
- 使用 ArrayBuffer 與 SharedArrayBuffer 可以降低資料傳遞時的序列化與反序列化的開銷。
- SharedArrayBuffer 可以在多個 Worker 間共享記憶體，但必須注意瀏覽器的安全限制（COOP / COEP）。
- 要讓 Web Worker 發揮最大效益，對資源管理、任務分配、資料結構三者的整合缺一不可。

Note

PART

9

檔案處理與本地端資料庫管理

實作檔案存取與本地資料儲存，讓網站具備離線與持久性功能

> 本篇學習目標

Chapter 23　File API 介紹與實際應用

Chapter 24　另一種儲存資料的方式：IndexedDB API

PART 9 檔案處理與本地端資料庫管理

Chapter 23 File API 的架構與應用

一分鐘概覽

File API 可以讓我們不需透過伺服器，就能在網頁存取本地端的檔案。包含取得檔案資訊（**File / FileList**）、讀取檔案內容（**FileReader**）、建立與操作二進位資料（**Blob**）、建立可預覽或下載的臨時網址（**URL.createObjectURL**）等功能，都是我們在操作檔案時會用到的工具。

■ 瀏覽器與平台相容性

瀏覽器 / 裝置	支援情況
Chrome	支援
Firefox	支援
Safari	支援
Edge	支援

File API 的構造

File API 提供了一組能讓瀏覽器操作使用者本地檔案的工具，主要包含以下幾個部分：

- `File / FileList`：取得檔案基本資訊
- `FileReader`：讀取檔案內容

- `Blob`：處理與建立二進位資料物件
- `URL.createObjectURL()`：產生可預覽或下載的臨時網址

取得檔案資訊：File / FileList

我們通常使用 `<input type="file">` 處理上傳的文件。選擇檔案後，用 `event.target.files` 取得檔案清單，並存取每個 File 的屬性，主要屬性如下：

- `name`：檔案名稱
- `size`：檔案大小（單位：byte）
- `type`：檔案類型
- `lastModified`：最後修改時間（timestamp）

現在來做一個簡單的上傳文件功能，使用 `<input type="file">` 作為上傳文件的按鈕，接著使用 `event.target.files` 取得文件的相關資訊。

程式碼 23-1 ▶▶ 取得檔案資訊

```
01. <input type="file" id="fileInput" />
02.
03. const fileInput = document.getElementById('fileInput');
04.
05. fileInput.addEventListener('change', (event) => {
06.   const file = event.target.files[0];
07.   console.log(file);
08. });
```

打開 Console 面板可以看到檔案資訊。

```
▼ File i
   lastModified: 1743066288646
 ▶ lastModifiedDate: Thu Mar 27 2025 17:04:48 GMT+0800 (台北標準時間) {}
   name: "02.png"
   size: 152352
   type: "image/png"
   webkitRelativePath: ""
 ▶ [[Prototype]]: File
```

圖 23-1　檔案資訊

讀取檔案內容：FileReader

FileReader 可將檔案內容讀取為文字、ArrayBuffer 或 Base64 Data URL。常用方法如下：

- `readAsText(file)`：讀取純文字檔案

- `readAsArrayBuffer(file)`：讀取二進位資料

- `readAsDataURL(file)`：轉為 Base64，適合圖片預覽

- `abort()`：中止讀取操作

❏ readAsText()

readAsText() 適合讀取與處理文件或文字檔案，例如 CSV、JSON、XML、TXT 等。

我們先建立 FileReader，再用 readAsText() 來讀取純文字檔案。

程式碼 23-2 ▶▶ 使用 readAsText() 讀取純文字檔案

```
01. const fileInput = document.getElementById('fileInput');
02. // 建立一個 FileReader
03. const reader = new FileReader();
04.
05. fileInput.addEventListener('change', (event) => {
```

```
06.     const file = event.target.files[0];
07.     // 用我們想要的方法來讀取 file
08.     reader.readAsText(file);
09.   });
10.
11.   reader.onload = (event) => {
12.     console.log('文件 ', event.target.result);
13.   };
14.
15.   reader.onerror = (error) => {
16.     console.error('讀取文件失敗 ', error);
17.   };
```

我上傳了一份 api.txt，打開 Console 面板可以看到完整呈現純文字檔案的內容。

圖 23-2　打開 Console 面板可以看到完整的檔案內容

如果改成上傳 JSON 檔案，也能用純文字呈現 JSON 資料。

```
▶ File {name: 'file.json', path: '/Users/muki/Do
文件 [
  {
    "id": 1,
    "name": "Adidas 豹纹鞋",
    "price": 199,
    "imageUrl": "https://picsum.photos/200/300"
  },
  {
    "id": 2,
    "name": "Nike 節能鞋",
    "price": 299,
    "imageUrl": "https://picsum.photos/200/301"
  },
```

圖 23-3　用純文字呈現 JSON 資料

我們再進一步解析內容，將讀入的 JSON 解析成物件。

程式碼 23-3 ▶▶ 使用 JSON.parse() 解析內容

```
01. reader.onload = (event) => {
02.   console.log('文件', event.target.result);
03.
04.   const text = event.target.result;
05.   console.log('文件內容', text);
06.
07.   // 解析 JSON 文件
08.   try {
09.     const data = JSON.parse(text);
10.     console.log('解析後的數據', data);
11.   } catch (error) {
12.     console.error('無法解析 JSON 文件', error);
13.   }
14. };
```

```
解析後的數據  ▼ (7) [{…}, {…}, {…}, {…}, {…}, {…}, {…}]
              ▶ 0: {id: 1, name: 'Adidas 豹纹鞋', price:
              ▶ 1: {id: 2, name: 'Nike 節能鞋', price: 2
              ▶ 2: {id: 3, name: 'LEVI 寶寶鞋', price: 2
              ▶ 3: {id: 4, name: 'ADIDAS 運動鞋', price:
              ▶ 4: {id: 5, name: 'LIVINGDEAD 黑色布鞋', price:
              ▶ 5: {id: 6, name: 'GUESS 彩色鞋', price:
              ▶ 6: {id: 7, name: '靴子', price: 29, imag
                length: 7
              ▶ [[Prototype]]: Array(0)
```

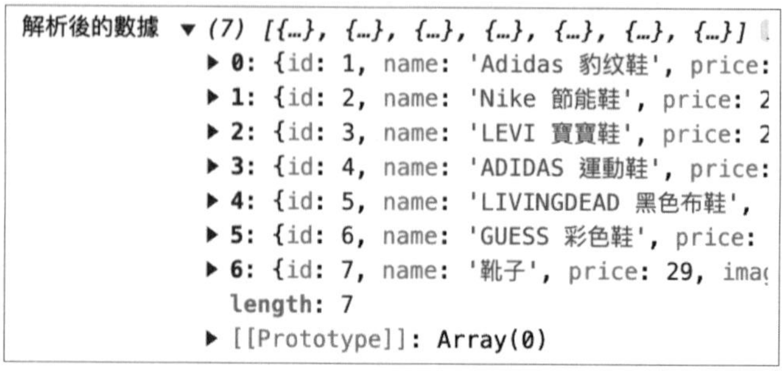

圖 23-4　解析成 JSON 物件

❏ readAsArrayBuffer()

ArrayBuffer 是二進制的數據結構,它有點像是「容器」,用來儲存二進制原始數據。現在來修改程式碼 23-2 的解析方法,原本寫的是 readAsText(),現在改成 readAsArrayBuffer(),並改上傳圖片而非純文字檔案。

程式碼 23-4 ▶▶ 使用 readAsArrayBuffer() 解析檔案

```
01. const fileInput = document.getElementById('fileInput');
02. const reader = new FileReader();
03.
04. fileInput.addEventListener('change', (event) => {
05.     const file = event.target.files[0];
06.     // 改用 readAsArrayBuffer() 解析二進制的檔案
07.     reader.readAsArrayBuffer(file);
08. });
09.
10. reader.onload = (event) => {
11.     console.log(event.target.result);
12. };
13.
14. reader.onerror = (error) => {
15.     console.error(' 讀取文件失敗 ', error);
16. };
```

```
▼ ArrayBuffer(152087) 🛢  i
    byteLength: 152087
    detached: false
    maxByteLength: 152087
    resizable: false
  ▶ [[Prototype]]: ArrayBuffer
  ▶ [[Int8Array]]: Int8Array(152087)
  ▶ [[Uint8Array]]: Uint8Array(152087)
    [[ArrayBufferByteLength]]: 152087
    [[ArrayBufferData]]: 3
```

圖 23-5　印出 ArrayBuffer 數據結構

> **如果上傳的是圖片檔案,但使用 readAsText() 解析,會發生什麼事情?**
> 使用 `FileReader.readAsText()` 讀取圖片,程式依然會執行不會報錯,但讀取到的內容將會是亂碼。因為圖片是以二進位格式儲存,並沒有解析為字串的能力。

❏ 操作二進位資料:ArrayBuffer + DataView

我們在介紹 `ArrayBuffer` 時有提到它像是「容器」,作用是儲存原始數據。如果今天我們想要運用這些原始數據,例如檢查上傳的圖片格式有沒有符合我們的規定,此時可以搭配 DataView 來操作 `ArrayBuffer()` 並取得對應的資料。

先使用 `readAsArrayBuffer()` 儲存數據,再用 DataView 存取二進位內容,以此判斷檔案是 JPEG、GIF 還是 PNG 格式。

因為每種圖片格式的檔頭都有固定值,例如 JPEG 的前兩個位元組是 0xFFD8,PNG 則是前八個位元組符合 0x89504E470D0A1A0A。藉由比對這些位元資料,就能大致判斷圖片的檔案類型,即使使用者改過副檔名再上傳,我們也能以此偵測出真實的檔案格式,讓篡改無效。

程式碼 23-5 ▶▶ 判斷圖片格式

```
01.  // 判斷圖片格式
02.  function checkImageFormat(view) {
03.      // 判斷 JPEG 的檔頭 (0xFFD8)
04.      const jpeg = view.getUint16(0) === 0xFFD8;
05.
06.      // 判斷 GIF 的檔頭 (0x4749)
07.      const gif = view.getUint16(0) === 0x4749;
08.
09.      // 判斷 PNG 的檔頭 (前 8 位元組為固定值)
10.      const png = view.getUint32(0) === 0x89504E47 && view.getUint32(4) === 0x0D0A1A0A;
11.
12.      if (jpeg) return 'JPEG';
```

```
13.     if (gif) return 'GIF';
14.     if (png) return 'PNG';
15.
16.     return '未知格式';
17. }
18.
19. // FileReader 載入後處理圖片格式
20. reader.onload = (event) => {
21.     const buffer = event.target.result;
22.     // 建立 DataView 方便存取二進位內容
23.     const view = new DataView(buffer);
24.     const format = checkImageFormat(view);
25.     console.log('圖片格式:', format);
26. };
```

❏ readAsDataURL()

readAsDataURL() 是處理圖片上傳時最常使用的方法之一。它會將檔案轉換為一段 base64 編碼的 Data URL，我們通常會用在 `<img>` 標籤的 src 屬性，達到即時預覽圖片的效果。

即時預覽的好處是我們不用等圖片上傳到伺服器，就能直接在網頁上顯示內容，讓使用者確認是否要用這張圖片進行後續動作。非常適合用在像上傳表單、選擇大頭照、相片預覽編輯等功能。

程式碼 23-6 ▶▶ 使用者上傳圖片後，即時在網頁上顯示

```
01. <!-- 使用者選擇圖片的輸入框 -->
02. <input type="file" id="fileInput" />
03.
04. <!-- 預覽圖片的區域 -->
05. <img id="preview" style="display: none;" />
06.
07. <script>
08. const fileInput = document.getElementById('fileInput');
09. const previewImg = document.getElementById('preview');
10.
11. // 當使用者選擇檔案時觸發 change 事件
12. fileInput.addEventListener('change', (event) => {
```

```
13.     // 取得使用者選擇的第一個檔案
14.     const file = event.target.files[0];
15.     const reader = new FileReader();
16.
17.     // 使用 readAsDataURL 將檔案轉為 base64 編碼的圖片資料
18.     reader.readAsDataURL(file);
19.
20.     // 當讀取完成後觸發 onload 事件
21.     reader.onload = (e) => {
22.       // 將圖片的 base64 資料設為 <img> 的 src
23.       previewImg.src = e.target.result;
24.
25.       // 顯示圖片
26.       previewImg.style.display = 'block';
27.     };
28.   });
29. </script>
```

> 使用 base64 編碼會讓圖片大小增加約 33%，若要進行圖片儲存或傳輸，仍建議使用原始檔案或 Blob 傳遞。

Blob：建立自訂檔案資料

如果我們要處理非文字的資料，例如圖片、音訊、PDF、影片等二進位內容時。可以使用 Blob（Binary Large Object）來儲存與處理這些原始資料。

Blob 代表一個不可變的原始資料的資料容器。它可以儲存文字、圖片、音檔、甚至是程式生成的內容，並可指定 MIME 類型（如 text/plain、image/png、application/pdf）。

我們可以使用 Blob 做到以下功能：

- 建立臨時的檔案讓使用者下載，不需要透過伺服器
- 動態產生下載用的 CSV、TXT 等檔案

- 搭配 URL.createObjectURL() 下載檔案或預覽圖片
- 如果檔案很大，可以搭配 slice() 分塊切割

假設今天有一個需求是，使用者填了一份表單或是寫了一篇筆記，我們要讓使用者可以在網頁下載這些內容，此時就能使用 Blob 和 URL.createObjectURL() 產生一個「臨時」的 URL，讓使用者下載。

程式碼 23-7 ▶▶ 建立臨時的 URL 讓使用者下載

```
01. function downloadTextFile() {
02.   const content = '文字內容';
03.
04.   // 將文字內容轉為 Blob，並指定類型為 text/plain
05.   const blob = new Blob([content], { type: 'text/plain' });
06.
07.   // 使用 createObjectURL() 為這個 Blob 建立一個臨時下載網址
08.   const url = URL.createObjectURL(blob);
09.
10.   // 建立一個 <a> 標籤，並指定 href 與下載檔名
11.   const link = document.createElement('a');
12.   link.href = url;
13.   link.download = 'example.txt';
14.
15.   // 模擬使用者點擊，觸發瀏覽器下載行為
16.   link.click();
17.
18.   // 釋放資源，避免記憶體外洩
19.   URL.revokeObjectURL(url);
20. }
```

當我們呼叫 downloadTextFile() 函式時，就會在瀏覽器產生一段可下載的文字檔，不需要透過伺服器，全程由前端處理。

如果要產生 .csv 報表檔，只需要指定 new Blob 的 MIME 類型為 text/csv 即可。

程式碼 23-8 ▶▶ 產生 CSV 報表

```
01. const csv = '姓名,性別 \nMUKI,女性 \nRey,男性';
02. const blob = new Blob([csv], { type: 'text/csv' });
03. const url = URL.createObjectURL(blob);
```

❏ createObjectURL() 的用途與注意事項

在介紹 Blob() 時，我們有反覆提到可以使用 Blob 和 URL.createObjectURL() 產生一個臨時的網址，讓使用者下載。這串網址可以用在許多 HTML 標籤上，例如 `<img>`、`<video>`、`<a>`... 等等，非常方便。

但使用上也有一些需要注意的地方：

- createObjectURL() 提供的網址是記憶體中的臨時資源，不是真實的檔案位置。

- 每呼叫一次 createObjectURL()，瀏覽器就會配置一塊記憶體空間。如果不再使用這個網址，請務必呼叫 URL.revokeObjectURL(url) 清理它，避免記憶體外洩。

- 該網址無法長期儲存，在這些情況下，網址都會失效：
  - 重整頁面
  - 網址被釋放
  - 使用者關閉網站

❏ 使用 slice() 將 Blob 切成小區塊

上傳時，沒有特別處理大型檔案的話，通常會一次將整份資料傳給伺服器，就很容易因為檔案太大而導致上傳失敗。此時我們可以使用 slice() 方法，將一個 Blob 或 File 切成一個一個的小區塊（chunk），每次只傳一塊到伺服器，等全部傳完再合併。

程式碼 23-9 ▶▶ 將檔案切成多個區塊上傳

```
01. // 設定 chunk 的大小是 1MB，也就是每 1MB 會拆成一個小塊
02. const CHUNK_SIZE = 1024 * 1024;
03. const fileInput = document.getElementById('fileInput');
04.
05. fileInput.addEventListener('change', async function (event) {
06.   const file = event.target.files[0];
07.   uploadFile(file);
08. });
09.
10. // 重點函式
11. function uploadFile(file) {
12.   const totalChunks = Math.ceil(file.size / CHUNK_SIZE);
13.   let currentChunk = 0;
14.
15.   function uploadNextChunk() {
16.     const start = currentChunk * CHUNK_SIZE;
17.     const end = Math.min(file.size, start + CHUNK_SIZE);
18.     const chunk = file.slice(start, end);
19.
20.     const formData = new FormData();
21.     formData.append('file', chunk, file.name);
22.     formData.append('chunk', currentChunk);
23.     formData.append('totalChunks', totalChunks);
24.
25.     // 模擬上傳
26.     setTimeout(() => {
27.       console.log(`上傳 chunk ${currentChunk + 1}/${totalChunks}:`, chunk);
28.
29.       currentChunk++;
30.       if (currentChunk < totalChunks) {
31.         uploadNextChunk();
32.       } else {
33.         console.log('文件上傳完成');
34.       }
35.     }, 500); // 模擬網絡延遲
36.   }
37.
38.   uploadNextChunk();
39. }
```

```
上傳 chunk 1/7:  ▶ Blob {size: 1048576, type: ''}
上傳 chunk 2/7:  ▶ Blob {size: 1048576, type: ''}
上傳 chunk 3/7:  ▶ Blob {size: 1048576, type: ''}
上傳 chunk 4/7:  ▶ Blob {size: 1048576, type: ''}
上傳 chunk 5/7:  ▶ Blob {size: 1048576, type: ''}
上傳 chunk 6/7:  ▶ Blob {size: 1048576, type: ''}
上傳 chunk 7/7:  ▶ Blob {size: 946936, type: ''}
文件上傳完成
```

圖 23-6　透過 slice() 將檔案切成一塊一塊

拖放與檔案預覽

我們可以結合 Drag and Drop API 與 File API，製作拖放上傳檔案的網頁介面。內容包含如何監聽並處理拖放事件與取得檔案資料。

❏ 預覽圖片檔案

從建立拖放區域與樣式開始，讓使用者可以透過拖放將檔案拖曳到指定區域，並立刻看到預覽效果。

程式碼 23-10 ▶▶ 拖放區域的樣式

```
01. <style>
02.   img {
03.     max-width: 100%;
04.   }
05.
06.   .drag-over-yellow {
07.     background-color: yellow;
08.   }
09.
10.   .drop-zone {
11.     height: 300px;
12.     width: 300px;
13.     border: 1px solid black;
```

```
14.       margin: 10px;
15.       padding: 10px;
16.     }
17. </style>
18.
19. <div id="drop-zone" class="drop-zone">放置區域</div>
```

再來監聽 drop 事件,並將處理檔案的邏輯寫在裡面。

程式碼 23-11 ▶▶ 預覽上傳的檔案

```
01. const dropZone = document.getElementById('drop-zone');
02.
03. dropZone.addEventListener('dragover', (event) => {
04.   event.preventDefault();
05. });
06.
07. dropZone.addEventListener('dragenter', (event) => {
08.   // 可以多加一層判斷,如果是檔案,拖曳區域才會變色
09.   if (event.dataTransfer.items && event.dataTransfer.items[0].kind === 'file') {
10.     event.target.classList.add('drag-over-yellow');
11.   }
12. });
13.
14. dropZone.addEventListener('dragleave', (event) => {
15.   event.target.classList.remove('drag-over-yellow');
16. });
17.
18. dropZone.addEventListener('drop', (event) => {
19.   event.preventDefault();
20.   event.target.classList.remove('drag-over-yellow');
21.   // 取得 file 後,再用 createObjectURL() 顯示預覽圖片
22.   const file = event.dataTransfer.files[0];
23.   if (file) {
24.     const imgURL = URL.createObjectURL(file);
25.     const img = document.createElement('img');
26.     img.src = imgURL;
27.     dropZone.innerHTML = '';
28.     dropZone.appendChild(img);
29.   }
30. });
```

❑ 預覽文字檔案

如果是文字檔案，可以使用 `FileReader.readAsText()` 方法，它會將檔案內容讀取成字串。

程式碼 23-12 ▶▶ 處理文字檔案

```
01.  if (file.type.startsWith('text/')) {
02.    // 文字檔案
03.    const reader = new FileReader();
04.    reader.onload = () => {
05.      const text = reader.result;
06.      const pre = document.createElement('pre');
07.      pre.textContent = text;
08.      dropZone.innerHTML = '';
09.      dropZone.appendChild(pre);
10.    };
11.    reader.readAsText(file);
12.  }
```

> **線上範例**
>
> https://mukiwu.github.io/web-api-demo/file-drag.html
>
> 請拖曳圖檔至指定位置，才能看到預覽的圖片畫面。

常見問題

Q 如果使用 `readAsText()` 讀圖片，會發生什麼事？

A 檔案會讀取成功，但輸出的內容是一串亂碼。因為圖片是二進位格式，不適合當作文字處理，導致解析錯誤或顯示異常。建議先檢查使用者上傳的檔案類型，再選擇正確的讀取方法，例如圖片可以用 `readAsDataURL()` 或 `readAsArrayBuffer()`。

Q createObjectURL() 和 readAsDataURL() 差在哪？

A createObjectURL() 會產生一個指向瀏覽器記憶體中 Blob 的臨時網址，效能高且記憶體占用較小；而 readAsDataURL() 是將檔案轉為 base64，但佔用空間會變大。如果只要用於預覽或下載，建議優先使用 createObjectURL()。

Q File.slice() 和 Blob.slice() 有什麼不同？

A File 是 Blob 的子類別，因此兩者都支援 .slice() 方法，也都可以對使用者上傳的檔案（File）或程式產生的資料物件（Blob）做 chunk。

小結

我們從 `<input type="file">` 開始介紹如何取得使用者上傳的檔案資訊，並透過 FileReader 以不同格式讀取內容。也分享了 Blob 的功能，包含建立文字、圖片或自訂資料檔案，以及如何用 `slice()` 將檔案切成小塊進行分段上傳。最後，透過 `URL.createObjectURL()` 產生臨時連結，不管是要預覽圖片還是直接下載，都能在前端輕鬆搞定，而不用依賴伺服器端。

本章回顧

- 可透過 `<input type="file">` 取得中取得 File 物件，並讀取屬性。
- **FileReader**：提供三種讀取方法：Text、Data URL、ArrayBuffer，分別適用於不同格式的資料解析。
- Blob 能建立檔案內容、上傳或下載，並支援分段切割與串流。
- 使用 `slice()` 切割檔案，實作 Chunk Upload 的基本邏輯。

Chapter 24 另一種儲存資料的方式：IndexedDB API

一分鐘概覽

當我們需要比 LocalStorage / SessionStorage 更複雜的結構與查詢時，IndexedDB API 就成為更理想的選擇。它能在使用者的瀏覽器中建立有索引、交易機制的大型結構化資料庫，不但沒有儲存空間限制，還具備 ACID 保證。讓我們從基礎建立資料庫開始，走一遍 CRUD 流程，掌握 IndexedDB 的核心能力。

■ 瀏覽器和平台相容性

瀏覽器 / 裝置	支援情況	備註
Chrome	支援	
Firefox	支援	
Safari	支援	如果容量變大，操作效能會比較差
Edge	支援	

IndexedDB API 的特性與使用場景

我們在網頁中需要儲存資料時，第一個想到的通常是 LocalStorage 或 SessionStorage，讓我們先來回顧 LocalStorage 的幾個特性：

- LocalStorage 的儲存空間蠻小的，通常是 5MB

- 只能儲存字串格式的資料
- 沒有搜尋功能，需要查詢的話要自己手動操作
- 沒有交易（transaction）功能，容易出現資料不一致的問題

LocalStorage 使用簡單，也不需要設定結構，但當結構變得複雜時，LocalStorage 就不太符合我們的需求了。

此時可以考慮選擇更強大的儲存工具：IndexedDB API。

IndexedDB 是一個可在瀏覽器儲存結構化資料的資料庫系統，它支援非同步操作、索引、事務處理 ... 等功能，我們可以把它想成存在瀏覽器中的小型 NoSQL 資料庫。

IndexedDB 能協助我們儲存離線的資料，加快使用體驗，例如：

- 離線表單資料儲存
- 離線筆記應用
- 圖片上傳前的暫存與緩存
- 快取 API 回應結果

在瀏覽器檢視 IndexedDB 資料

以 Chrome 瀏覽器為例，以下是檢視 IndexedDB 資料的步驟：

1. 打開開發者工具。
2. 選擇 Application（應用程式）面板。
3. 左側欄位找到並點擊 IndexedDB。
4. 打開後可以看到當前網站使用的資料庫清單，點開其中一個資料庫就能看到該資料表的內容。

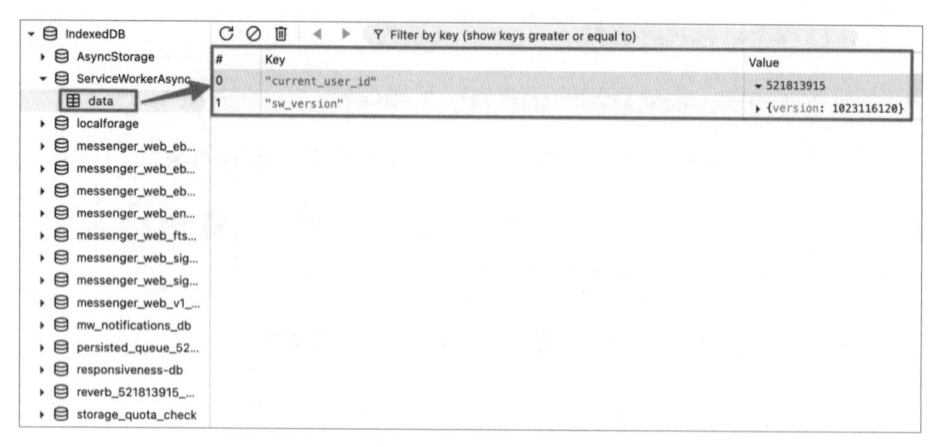

圖 24-1　資料表的內容

我們可以像使用資料庫工具一樣，點選資料表並查看欄位內容以方便我們除錯。

IndexedDB 的資料庫架構與核心概念

IndexedDB 跟傳統的資料庫有什麼差別呢？其實它和傳統的資料庫很類似，都有資料庫（Database）、資料表（Object Store）、索引（Index）與交易（Transaction）的概念，只是會改用 JavaScript 的非同步事件來處理這些操作。

❏ 資料庫與版本管理

使用 `indexedDB.open()` 方法來建立資料庫。

程式碼 24-1 ▶▶ 建立資料庫

```
const request = indexedDB.open('MyDatabase', 1);
```

程式碼 24-1 的 1 是資料庫的版號。如果我們要新增資料表或調整結構時，就要更新版號，這個動作會觸發 `onupgradeneeded` 事件，以初始化或修改資料庫的結構。

❏ onupgradeneeded：初始化資料庫的事件

前面有提到，當我們第一次建立資料庫，或是更新版號時，都會觸發 onupgradeneeded 事件，我們會在這裡定義整個資料庫結構。

程式碼 24-2 ▶▶ 定義資料庫結構

```
01. request.onupgradeneeded = function (event) {
02.   const db = event.target.result;
03.
04.   // 建立一個 object store 資料表，並設定 keyPath 為 id
05.   const store = db.createObjectStore('users', {
06.     keyPath: 'id',
07.     autoIncrement: true,
08.   });
09.
10.   // 為 users 表建立 name 和 email 的索引
11.   store.createIndex('name', 'name', { unique: false });
12.   store.createIndex('email', 'email', { unique: true });
13. };
```

❏ Object Store：IndexedDB 的資料表

可以把 Object Store 看成是資料庫的資料表，參考程式碼 24-2 的第 5 到 8 行，給每個 store 指定一個 keyPath 作為主鍵，或設定自動遞增 `autoIncrement: true`。

參考程式碼 24-2 的第 11 到 12 行，我們在每個 object store 存放某一類型的資料，這邊的 users 儲存的是使用者名字，email 則是使用者的電子郵件。

❏ Index：建立索引

程式碼 24-2 的第 11 到 12 行使用 `createIndex()` 建立索引，也可以使用像 `get()` 方法針對索引的欄位做搜尋。

此外，我在 email 欄位設定了 unique: true，表示它的值不能重複，必須是唯一值，系統會自動防止寫入重複的資料。

建立與初始化資料庫

了解完 IndexedDB 的資料庫架構後，我們來實際建立一個資料庫，同樣用 user 為資料表名稱，來儲存使用者的姓名與 email，並為這兩個欄位分別建立索引。

☐ 建立資料庫與初始結構

程式碼 24-3 ▶▶ 建立資料庫與初始結構

```
01.  // 宣告全域變數 db，供其它操作使用
02.  let db;
03.
04.  // 開啟或建立一個名為 'MyDatabase'、版本為 1 的資料庫
05.  const request = indexedDB.open('MyDatabase', 1);
06.
07.  // 當資料庫需要初始化或版本升級時，會觸發 onupgradeneeded
08.  request.onupgradeneeded = function (event) {
09.    db = event.target.result;
10.
11.    // 建立名為 'users' 的資料表
12.    // keyPath 設定為 'id'，並啟用 autoIncrement
13.    const objectStore = db.createObjectStore('users', {
14.      keyPath: 'id',
15.      autoIncrement: true,
16.    });
17.
18.    // 為 name 欄位建立索引，可重複
19.    objectStore.createIndex('name', 'name', { unique: false });
20.
21.    // 為 email 欄位建立索引，必須唯一
22.    objectStore.createIndex('email', 'email', { unique: true });
23.  };
24.
25.  // 成功開啟資料庫
```

```
26.  request.onsuccess = function (event) {
27.    db = event.target.result;
28.    console.log(' 資料庫連線成功 ');
29.  };
30.
31.  // 開啟資料庫失敗
32.  request.onerror = function (event) {
33.    console.error(' 資料庫開啟失敗 ', event.target.error);
34.  };
```

切到 IndexedDB 可以看到剛剛建立的 MyDatabase，裡面有一個 users 表。

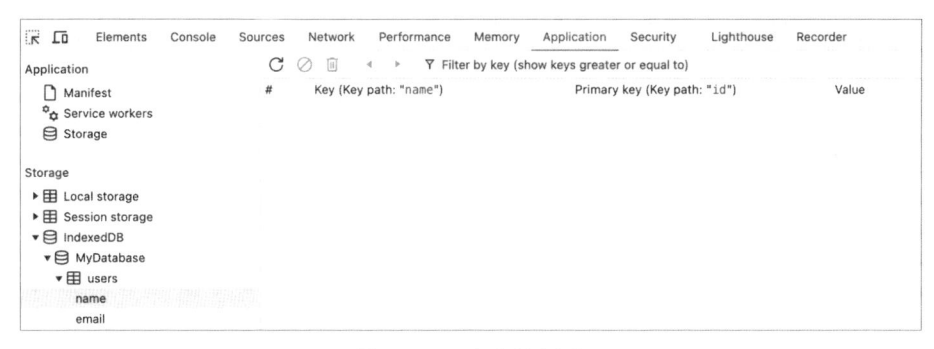

圖 24-2　建立資料庫

IndexedDB 的 Transaction 機制

我們每次進行資料操作時，都必須透過交易（Transaction）來執行，傳統的資料庫也有一樣的機制，都是為了確保資料操作的一致性與安全性。例如，我們同時新增了三筆資料，但第二筆可能因為格式錯誤導致失敗，此時所有的交易都會 rollback，也就是說即使前面第一筆成功了也會被撤銷，為的就是確保資料庫要處於一致的狀態。

❑ 什麼是交易 Transaction？

一個交易（Transaction）可以包含多個操作，這些操作要嘛全部成功，要嘛全部失敗，不能只成功一部分。這樣的設計可以確保資料在任何操作下都能保持乾淨、可靠的狀態。而這種資料庫特性就稱為 ACID。

- **Atomicity**：操作不可分割，只要一部分失敗，全部都會被取消。
- **Consistency**：執行前後的資料都要符合定義好的規則與邏輯。
- **Isolation**：不同交易彼此獨立執行，不會互相干擾。
- **Durability**：交易一旦完成，就會永久儲存。

❑ 建立交易的語法

IndexedDB 中的所有資料操作（新增、查詢、更新、刪除）都必須先建立交易（Transaction）物件。

程式碼 24-4 ▶▶ 建立交易

```
const transaction = db.transaction(storeNames, mode);
```

- **storeNames**：要操作的資料表名稱，可以是單一字串或陣列，例如 `'users'` 或 `['users', 'logs']`。
- **mode**：交易的模式，有兩種選項：`readonly`（只讀）以及 `readwrite`（可讀可寫）。

假設現在要建立一個可寫入的交易，先使用 `db.transaction()` 新增一個交易，對資料表 `users` 設定 `readwrite` 模式，再透過 `transaction.objectStore('users')` 取得對應的資料表操作權限，這樣我們就可以在這筆交易中對 `users` 表進行新增、修改或刪除等寫入操作。

```
01. const tx = db.transaction(['users'], 'readwrite');
02. const store = tx.objectStore('users');
```

❏ 交易的生命週期

每一個交易都有自己的生命週期，當我們完成所有操作並離開事件排程時，該交易就會自動關閉，要特別注意的是，交易不是永遠開著的，也不能重複使用。

程式碼 24-5 ▶▶ 交易的生命週期

```
01. // 在交易建立後立即執行所有資料操作
02. const tx = db.transaction(['users'], 'readwrite');
03. const store = tx.objectStore('users');
04. store.add({ name: 'MUKI', email: 'muki@muki.tw' });
05.
06. // 延遲執行會導致交易已經結束而出錯，請不要這樣寫
07. setTimeout(() => {
08.   store.add({ name: 'TooLate' });
09. }, 1000);
```

IndexedDB CRUD 操作實作

❏ Create：新增使用者

建立好資料庫與資料表後，要來新增資料了。

先使用 `db.transaction()` 建立一個交易，再透過 `objectStore.add()` 將資料寫入。

程式碼 24-6 ▶▶ 新增使用者

```
01. function createUser() {
02.   // 建立一筆對 'users' 表的 readwrite 交易
03.   const transaction = db.transaction(['users'], 'readwrite');
04.   const objectStore = transaction.objectStore('users');
05.
06.   // 欲新增的使用者資料
07.   const user = {
08.     name: 'MUKI',
```

```
09.      email: 'muki@tw.com'
10.    };
11.
12.    // 使用 add() 新增資料
13.    const request = objectStore.add(user);
14.
15.    // 成功的處理函式
16.    request.onsuccess = function () {
17.      console.log('新增成功');
18.    };
19.
20.    // 失敗的處理函式
21.    request.onerror = function (event) {
22.      if (event.target.error.name === 'ConstraintError') {
23.        // email 是唯一索引，所以如果重複時會拋出 ConstraintError
24.        console.error('email 已重複，請使用其它信箱');
25.      } else {
26.        console.error('新增失敗', event.target.error);
27.      }
28.    };
29. }
```

❏ Read：查詢使用者資料

我們可以透過主鍵或索引來查詢資料：

- 若已知資料的主鍵（ID = 1），就能使用 `store.get(1)` 取得對應資料。
- 如果想根據某個欄位的值查詢（例如 email），可以先透過 `store.index()` 取得該欄位的索引，再用 `index.get()` 查詢特定值。

前面我們建立了 users 資料表並新增了一筆資料，接下來就試著用 email 欄位來查詢使用者吧。

◼ 使用 index.get 查詢特定 email 的使用者

使用 `index.get()` 方法查詢第一筆符合條件的結果，類似 JavaScript 的 `find()` 方法。

程式碼 24-7 ▶▶ 使用 index.get 查詢特定 email 的使用者

```
01. function getUserByEmail(email) {
02.   const transaction = db.transaction(['users'], 'readonly');
03.   const objectStore = transaction.objectStore('users');
04.
05.   // 使用 email 欄位的索引來查詢
06.   const index = objectStore.index('email');
07.
08.   // 查詢第一筆符合條件的資料，這邊的 eamil 是傳入的參數
09.   const request = index.get(email);
10.
11.   request.onsuccess = function () {
12.     const result = request.result;
13.
14.     if (result) {
15.       console.log('找到使用者：', result);
16.     } else {
17.       console.log('查無此 email');
18.     }
19.   };
20.
21.   request.onerror = function (event) {
22.     console.error('查詢失敗', event.target.error);
23.   };
24. }
```

◼ 使用 index.getAll() 查詢所有符合條件的使用者

如果想要查詢所有符合條件的資料，可以改用 `index.getAll()`，類似 JavaScript 的 `filter()` 方法。

程式碼 24-8 ▶▶ 使用 index.getAll 查詢符合條件的使用者

```
const index = objectStore.index('email');
const request = index.getAll('muki@muki.tw');
```

◼ 取得所有資料

我們也可以直接用 `objectStore.getAll()` 取得整張資料表的所有資料。

程式碼 24-9 ▶▶ 取得所有資料

```
01. const transaction = db.transaction(['users'], 'readonly');
02. const store = transaction.objectStore('users');
03. const request = store.getAll();
```

❑ Update：更新使用者資料

IndexedDB 的更新資料的方式是先讀取再覆蓋。我們要先用查詢取得要修改的資料，修改後再使用 put() 方法重新寫入。讓我們來實作用 ID 更新使用者名稱，把 MUKI 改成 MMM。

程式碼 24-10 ▶▶ 更新使用者資料

```
01. function updateUser() {
02.   const transaction = db.transaction(['users'], 'readwrite');
03.   const objectStore = transaction.objectStore('users');
04.
05.   // 更新 ID = 1 的使用者
06.   const request = objectStore.get(1);
07.
08.   request.onsuccess = function () {
09.     const user = request.result;
10.     if (!user) {
11.       console.log('找不到使用者');
12.       return;
13.     }
14.
15.     // 修改使用者名稱
16.     user.name = 'MMM';
17.
18.     // 將修改後的資料重新寫入資料庫
19.     const updateRequest = objectStore.put(user);
20.
21.     updateRequest.onsuccess = function () {
22.       console.log('使用者更新成功');
23.     };
24.
25.     updateRequest.onerror = function (event) {
26.       console.error('更新失敗', event.target.error);
```

```
27.       };
28.     };
29.
30.     request.onerror = function (event) {
31.       console.error('讀取失敗 ', event.target.error);
32.     };
33. }
```

> **TIPS**
>
> **add() 和 put() 的差異**
>
> add() 與 put() 都可以把資料寫入資料庫，但使用上有一些差別。
>
> add() 只能新增資料，如果資料庫中已經存在相同的主鍵（例如 ID），使用 add() 會報錯。
>
> ```
> 1. const user = { id: 1, name: 'MUKI' };
> 2. const request = store.add (user);
> ```
>
> put() 可以新增也可以更新資料，如果資料庫有相同的主鍵會直接覆蓋更新，如果主鍵不存在，會直接新增一筆資料。
>
> ```
> 1. const user = { id: 1, name: 'MMM' };
> 2. const request = store.put (user);
> ```

❏ Delete：刪除使用者資料

使用 objectStore.delete() 方法傳入想刪除的資料主鍵，就能刪除對應的資料。

程式碼 24-11 ▸▸ 刪除使用者資料

```
01. function deleteUser() {
02.     const transaction = db.transaction(['users'], 'readwrite');
03.     const objectStore = transaction.objectStore('users');
04.
```

```
05.    // 刪除 ID = 1 的使用者資料
06.    const request = objectStore.delete(1);
07.
08.    request.onsuccess = function() {
09.      console.log('刪除成功');
10.    };
11.
12.    request.onerror = function() {
13.      console.error('刪除失敗');
14.    };
15. }
```

特別注意的是，`delete()` 方法不會回傳被刪除的資料，我們只能知道刪除是否成功。此外它一樣要在交易物件中執行，而且也要使用 readwrite 模式。

除了主鍵外，我們也可以根據 `email`、`name` 等欄位來刪除特定的資料，步驟是先透過索引 `store.index()` 查詢到該資料，取得主鍵（ID）後再使用 `delete()` 方法刪除資料。

程式碼 24-12 ▶▶ 根據欄位刪除資料

```
01. function deleteUserByEmail(email) {
02.    const transaction = db.transaction(['users'], 'readwrite');
03.    const store = transaction.objectStore('users');
04.
05.    // 透過 store.index() 取得 email 索引
06.    const index = store.index('email');
07.
08.    // 使用索引查詢符合 email 的使用者資料
09.    const request = index.get(email);
10.
11.    request.onsuccess = function () {
12.      const user = request.result;
13.
14.      if (!user) {
15.        console.log('找不到使用者，無法刪除');
16.        return;
17.      }
18.
```

```
19.       // 若找到使用者，使用主鍵 (ID) 刪除
20.       const deleteRequest = store.delete(user.id);
21.
22.       deleteRequest.onsuccess = () => console.log(' 刪除成功 ');
23.       deleteRequest.onerror = (event) => console.error(' 刪除失敗 ',
   event.target.error);
24.     };
25.
26.     request.onerror = (event) => console.error(' 查詢失敗 ', event.
   target.error);
27. }
```

線上範例

https://mukiwu.github.io/web-api-demo/indexeddb.html

範例加入了簡易的表單輸入，將 indexedDB 的 CRUD 整合在一起。

常見問題

Q 為什麼改了資料庫結構卻沒生效？

A 每一次修改都必須要更新資料庫的版本號，可以先確認是否遺漏了這部分。另外要注意需在 `onupgradeneeded` 事件中正確處理變更。

Q 如何清除資料庫內容？

A 可以使用 `indexedDB.deleteDatabase('MyDatabase')` 刪除整個資料庫。

Q IndexedDB 有容量限制嗎？

A 瀏覽器會根據裝置的空間大小來自動安排 IndexedDB 容量，但會比 LocalStorage 大得多，通常是數百 MB 以上起跳。

小結

透過 IndexedDB API，我們可以在瀏覽器處理大量的結構化資料，做出更多複雜的應用，是離線系統與大型資料表的首選。

本章回顧

- 建立 IndexedDB 資料庫。
- 實作 CRUD 操作。
- 了解交易（transaction）的運作機制與 ACID 特性。

PART

10

安全與即時通訊

從安全加密到即時訊息傳遞,掌握網頁應用的進階溝通能力

本篇學習目標

Chapter 25　使用 Web Cryptography API 提高網頁應用的安全性

Chapter 26　自己架個 WebSocket Server 玩玩吧

Chapter 25 使用 Web Cryptography API 提高網頁應用的安全性

一分鐘概覽

Web Cryptography API（以下簡稱 Web Crypto API）是瀏覽器內建的加密 API，可以讓前端透過 JavaScript 進行加解密、簽章驗證、雜湊運算等操作，此外也支持多種加密演算法，例如常見的 RSA、AES、SHA-256 等。

■ 瀏覽器和平台相容性

瀏覽器 / 裝置	支援情況	備註
Chrome	支援	
Firefox	支援	
Safari	支援	
Edge	支援	

對稱式與非對稱式加密介紹

對稱式和非對稱式加密在密鑰管理與用途上各有差異，大家可以把它想成是兩種不同的鎖頭和鑰匙。

❏ 對稱式加密

對稱式加密就像家裡的大門，我們會用同一把鑰匙上鎖，也用同一把鑰匙開門，這把鑰匙就是密鑰。我們用密鑰把資料加密鎖起來，當使用者要看這些資料時，也必須要有同一把密鑰才能解密。

因為用的是同一把鑰匙,所以演算法相對單純,執行速度也快,適合要加密大型資料或要處理高效能的場景應用。

但正因為用的是同一把鑰匙,如果不小心被攔截或弄丟,資料就沒有保密性了,誰都可以看了,所以要如何管理鑰匙?就會是一個很大的挑戰。

常見的對稱式加密演算法是 AES-GCM,在後面的範例會用到這個演算法。

❏ 非對稱式加密

非對稱式加密會有一對鑰匙,它們是配對好的,一把是公鑰,一把是私鑰。我們可以把公鑰看成是一個開放的郵箱,任何人都可以把信件(資料)丟進去,但只有擁有對應私鑰的人才可以讀取信件(資料)的內容。

所以私鑰就像是這個郵箱的專屬鑰匙,只能自己一個人持有,公鑰卻可以開放給所有人知道。因此私鑰必須要妥善保管,確保其機密性。這也是為什麼非對稱式加密在網路安全的議題中,扮演著關鍵的角色。

❏ 網站應用情境

寫網頁會用哪一個呢?我通常會混搭使用,發揮各自的優點,流程通常是先用非對稱式加密,安全的交換對稱式加密用的鑰匙,再用對稱式加密處理大量的資料。

例如,我先使用 Web Crypto API 產生一把對稱式加密用的鑰匙,再用非對稱式加密將這把鑰匙包裝起來,變成一個加密的資料。這樣一來,只有擁有私鑰的人才能解開,拿到這把對稱式的鑰匙。

取得對稱式鑰匙後,再將所有真正要傳輸的資料都用對稱式加密,這樣不僅能確保資料的安全,還能保持很好的傳輸效能,等於是兼顧了速度和安全,做到雙重保障。

試著生成一組密鑰

在 Web Crypto API 通常會用 `generateKey()` 方法來產生密鑰。

程式碼 25-1 ▶▶ `generateKey()` 規格

```
generateKey(algorithm, extractable, keyUsages)
```

- `algorithm`：定義要產生的金鑰類型及演算法特定參數，例如 `{ name: "AES-GCM", length: 256 }` 表示產生一個 256 位元的 AES 對稱密鑰。
- `extractable`：表示此金鑰可否透過 `exportKey()` 或 `wrapKey()` 導出。
- `keyUsages`：這個金鑰會用在哪些地方？例如 `encrypt`/`decrypt`（加密/解密）。

❏ 對稱式密鑰

現在產生一組對稱式的密鑰，使用 `generateKey()` 生成了 AES-GCM 密鑰，並設定演算法名稱、密鑰的長度，以及密鑰的可匯出性和用途。

程式碼 25-2 ▶▶ 產生一組對稱式密鑰

```
01. async function generateAESKey() {
02.     const key = await crypto.subtle.generateKey(
03.         {
04.             name: "AES-GCM",
05.             // 密鑰長度可以是 128, 192 或 256
06.             length: 256,
07.         },
08.         // 是否允許密鑰被匯出
09.         true,
10.         // 密鑰的用途
11.         ["encrypt", "decrypt"]
12.     );
13.     console.log("Generated AES Key:", key);
14.     return key;
```

```
15. }
16.
17. generateAESKey();
```

```
Generated AES Key: ▼ CryptoKey {type: 'secret', extractable: true, algorithm: {…}, usages: Array(2)} i
                     ▼ algorithm:
                        length: 256
                        name: "AES-GCM"
                      ▶ [[Prototype]]: Object
                     extractable: true
                     type: "secret"
                     ▼ usages: Array(2)
                        0: "encrypt"
                        1: "decrypt"
                        length: 2
                      ▶ [[Prototype]]: Array(0)
                      ▶ [[Prototype]]: CryptoKey
```

圖 25-1　產生一組對稱式密鑰

❏ 非對稱式密鑰

如果想要產生非對稱式加密所需的一對鑰匙（公鑰與金鑰），做法也很類似，我們需要多指定 `modulusLength` 和其它參數。

程式碼 25-3 ▶▶ 產生一組非對稱式密鑰

```
01. async function generateRSAKey() {
02.    const keyPair = await crypto.subtle.generateKey(
03.      {
04.        name: "RSA-OAEP",
05.        // 長度，可以是 1024, 2048, 或 4096
06.        modulusLength: 2048,
07.        // 常用的公鑰指數 (65537)
08.        publicExponent: new Uint8Array([1, 0, 1]),
09.        // 使用的 hash 算法，可以是 "SHA-1", "SHA-256", "SHA-384",
  "SHA-512"
10.        hash: { name: "SHA-256" },
11.      },
12.      // 是否允許密鑰被匯出
13.      true,
14.      // 公鑰的用途
15.      ["encrypt", "decrypt"],
```

```
16.    );
17.
18.    console.log("Generated RSA Key Pair:", keyPair);
19.    return keyPair;
20. }
21.
22. generateRSAKey();
```

```
Generated RSA Key Pair:  ▼ {publicKey: CryptoKey, privateKey: CryptoKey} ⓘ
                           ▼ privateKey: CryptoKey
                             ▶ algorithm: {name: 'RSA-OAEP', hash: {…}, modulusLength: 2048, publicExponent: Uint8Array(3)}
                               extractable: true
                               type: "private"
                             ▶ usages: ['decrypt']
                             ▶ [[Prototype]]: CryptoKey
                           ▼ publicKey: CryptoKey
                             ▶ algorithm: {name: 'RSA-OAEP', hash: {…}, modulusLength: 2048, publicExponent: Uint8Array(3)}
                               extractable: true
                               type: "public"
                             ▶ usages: ['encrypt']
                             ▶ [[Prototype]]: CryptoKey
                           ▶ [[Prototype]]: Object
```

圖 25-2　產生一組非對稱式密鑰

使用 AES-GCM 加密與解密資料

☐ 加密資料

有了密鑰後，我們就能對其進行加密與解密，我們會使用程式碼 25-2 的函式 generateAESKey() 產生密鑰並進行加密。

程式碼 25-4 ▶▶ 加密資料

```
01. function generateRandomValues() {
02.    const array = new Uint8Array(12);
03.    window.crypto.getRandomValues(array);
04.    return array;
05. }
06.
07. // 與程式碼 25-1 的 generateAESKey() 相同
08. async function generateAESKey() {
09.    const key = await crypto.subtle.generateKey(
10.      {
```

```
11.         name: "AES-GCM",
12.         length: 256,
13.     },
14.     true,
15.     ["encrypt", "decrypt"]
16.   );
17.   return key;
18. }
19.
20. async function encryptData(key, data) {
21.   const iv = generateRandomValues();
22.   const encrypted = await crypto.subtle.encrypt(
23.     {
24.         name: "AES-GCM",
25.         iv: iv,
26.     },
27.     key,
28.     data
29.   );
30.   console.log("加密後的資料 :", new Uint8Array(encrypted));
31.   return { encrypted, iv };
32. }
33.
34. const data = new TextEncoder().encode("這是一段需要加密的文字。");
35. generateAESKey().then(key => encryptData(key, data));
```

加密前，先用 `generateRandomValues()` 產生一個 12 位元的隨機值（IV），它可以確保相同的明文（要加密的文字）在每一次的加密時都會產生不同的密文，以增加安全性。

接著使用 `crypto.subtle.encrypt` 方法進行加密，回傳的結果就是加密後的資料，而且因為我們使用了 IV，所以能讓同樣的明文在每次加密後都不一樣。

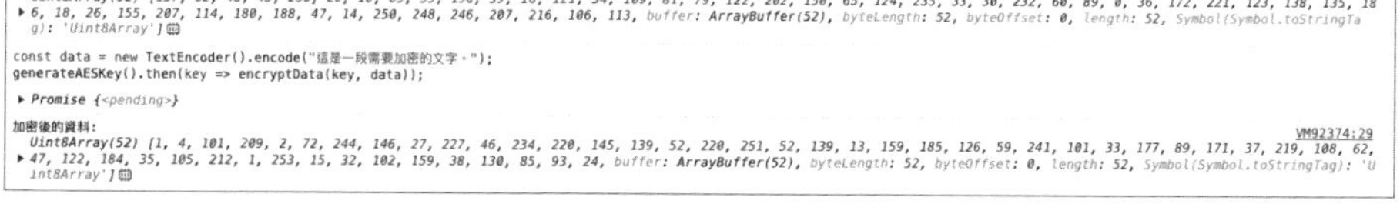

圖 25-3　加密後的資料

🗆 解密資料

該如何使用 AES 解密呢？解密前要再提一次 IV 的重要性，我們在加密和解密過程中都必須使用 IV，因為解密時，必須使用與加密時相同的 IV，否則無法正確地解密資料。因此，我們在加密後要將 IV 一併儲存或傳輸給解密方，以便能夠正確解密資料。常見的儲存方式有兩種：

- **與密文一起儲存或傳輸**：這是最常見的方式。通常 IV 可以直接附加在密文的前面或後面，在需要解密時分割出 IV 和密文。
- **單獨儲存或傳輸**：將 IV 儲存在一個獨立的變數或檔案中，並在解密時與密文一同使用。

先假設我們將 IV 存在 `localStorage`，接著使用 `crypto.subtle.decrypt` 方法進行解密。

程式碼 25-5 ▶▶ 進行解密

```
01. async function decryptData(key, encryptedData) {
02.   const iv = localStorage.getItem('iv');
03.   const decrypted = await crypto.subtle.decrypt(
04.     {
05.       name: "AES-GCM",
06.       iv,
07.     },
08.     key,
09.     encryptedData
10.   );
11.   console.log(" 解密後的資料 :", new TextDecoder().decode(decrypted));
12.   return decrypted;
13. }
14.
15. // 解密
16. generateAESKey().then(key => {
17.   encryptData(key, data).then(({ encrypted }) => {
18.     decryptData(key, encrypted);
19.   });
20. });
```

解密和加密的動作非常類似，差別只在於我們要提供加密時使用的 IV 才能解密資料。另外將 IV 存在 `localStorage` 不是一個好作法，我只是為了快速示範才這樣使用，實際開發時，請記得不要這樣使用。

使用 RSA 加密與解密資料

RSA 是非對稱式加密，所以會產生一組公私鑰，我們會用公鑰加密傳出去的資料，收到加密資料的人要用私鑰來解密。

程式碼 25-6 有兩個函式：`encryptData()` 和 `decryptData()`。

在 `encryptData()` 用公鑰呼叫 `subtle.encrypt()` 進行加密，並透過 `Uint8Array` 把結果轉成易讀格式；在 `decryptData()` 則是用私鑰呼叫 `subtle.decrypt()`，最後再用 `TextDecoder` 還原成可讀文字，確認解密的正確性。

程式碼 25-6 ▶▶ 加密與解密

```
01. // 與程式碼 25-2 的 generateRSAKey() 相同
02. async function generateRSAKey() {
03.   const keyPair = await crypto.subtle.generateKey(
04.     {
05.       name: "RSA-OAEP",
06.       modulusLength: 2048,
07.       publicExponent: new Uint8Array([1, 0, 1]),
08.       hash: { name: "SHA-256" },
09.     },
10.     true,
11.     ["encrypt", "decrypt"]
12.   );
13.   return keyPair;
14. }
15.
16. // 使用公鑰加密
17. async function encryptData(publicKey, data) {
18.   const encryptedData = await crypto.subtle.encrypt(
19.     {
```

```
20.        name: "RSA-OAEP"
21.      },
22.      publicKey,
23.      // 要加密的資料，需轉換為 ArrayBuffer
24.      data
25.    );
26.
27.    console.log("加密後的資料:", new Uint8Array(encryptedData));
28.    return encryptedData;
29. }
30.
31. // 使用私鑰解密
32. async function decryptData(privateKey, encryptedData) {
33.    const decryptedData = await crypto.subtle.decrypt(
34.      {
35.        name: "RSA-OAEP"
36.      },
37.      privateKey,
38.      encryptedData
39.    );
40.
41.    console.log("解密後的資料:", new TextDecoder().decode(decryptedData));
42.    return decryptedData;
43. }
44.
45. const { publicKey, privateKey } = await generateRSAKey();
46. const data = new TextEncoder().encode("這是一段需要加密的文字。");
47.
48. // 使用公鑰加密資料
49. const encryptedData = await encryptData(publicKey, data);
50.
51. // 使用私鑰解密資料
52. const decryptedData = await decryptData(privateKey, encryptedData);
```

常見問題

Q 一定要同時用對稱式和非對稱式加密嗎？

A 不一定，對稱式和非對稱式加密各有適用場景。我通常會用非對稱式加密來安全交換對稱密鑰，接著用對稱式加密來處理大量資料，這樣可以同時兼顧安全性和效能。

Q RSA 加密可以直接拿來加密所有資料嗎？

A RSA 比較適合加密小型資料，或用來交換對稱式的密鑰，因為它運算成本比較高，如果直接拿來加密大量資料，效能會明顯下降。

小結

我們了解到對稱式和非對稱式加密的差異和用途。並實作了對稱式密鑰和非對稱式的密鑰對，也示範了在前端如何安全、有效率地進行加密與解密。希望這樣的基礎操作能幫助各位在實際開發時選擇合適的加密方式。

本章回顧

- 了解 Web Cryptography API 以及如何在前端加密。
- 了解對稱式加密與非對稱式加密的差別。
- 如何產生對稱式密鑰（AES-GCM）與非對稱式密鑰對（RSA-OAEP）。
- 使用 AES-GCM 處理大量資料的快速加解密。
- 使用 RSA-OAEP 進行安全的金鑰交換或小型資料加解密。

PART 10　安全與即時通訊

Chapter 26　使用 Google Cloud Run 架設 WebSocket Server

> 一分鐘概覽

這一章介紹如何自行架設 WebSocket Server，我們會透過 Google Cloud Run 快速部署 Node.js 應用程式，並以 ws 套件實作 WebSocket Server，示範如何讓前後端能即時互動、檢查連線狀態及補強可能的連線中斷問題。文章也會深入介紹 WebSocket 的連線特性與後端實作 ping 機制，讓大家可以更清楚整個 WebSocket 的運作流程。

■ 瀏覽器和平台相容性

瀏覽器 / 裝置	支援情況
Chrome	支援
Firefox	支援
Safari	支援
Edge	支援

自己架設 WebSocket Server 的原因

市面上雖然有很多 WebSocket 的線上測試工具和教學資源，但我覺得自己架設伺服器可以更清楚了解連線是怎麼建立的、訊息怎麼交換，以及怎麼保持連線穩定。尤其在做即時互動功能的時候，對 WebSocket 越熟悉，就越能輕鬆應付開發中遇到的各種挑戰。

❏ 使用 GitHub 建立 WebSocket Server 專案

我們先在 GitHub 建立 WebSocket Server 專案，我會使用 Node.js 和 Fastify 進行部署。

首先建立專案資料夾並初始化 package.json，用於管理專案的依賴與設定。

程式碼 26-1 ▶▶ 建立專案資料夾並初始化

```
mkdir websocket-server
cd websocket-server
npm init -y
```

使用原生的 WebSocket 協定來處理連線管理，配上 Fastify 這個號稱是目前 Node.js 中最快的 web framework 之一。

程式碼 26-2 ▶▶ 安裝必要套件

```
npm install fastify @fastify/static ws
```

接著建立 server.js 檔案，整合 Fastify 與 ws 庫，我設定了一個 Interval 在 WebSocket 連線後，每 1 秒鐘發送訊息到前端頁面，另外為了防止請求過多，還加入了 10 秒後主動關閉 WebSocket 連線的功能。

程式碼 26-3 ▶▶ WebSocker Server 設定

```
01. const fastify = require('fastify')({ logger: true });
02. const path = require('path');
03.
04. // 配置 Fastify 靜態文件服務
05. fastify.register(require('@fastify/static'), {
06.   root: path.join(__dirname, 'public'),
07.   prefix: '/',
08. });
09.
10. // 設定 HTTP 路由
11. fastify.get('/', async (request, reply) => {
12.   return { hello: 'world' };
13. });
```

```
14.
15.    // 啟動 HTTP 伺服器
16.    const start = async () => {
17.      try {
18.        fastify.listen({ port: process.env.PORT || 8080, host: '0.0.0.0' })
19.          .then((address) => {
20.            console.log(`Server listening on ${address}`);
21.          })
22.          .catch((err) => {
23.            fastify.log.error(err);
24.            process.exit(1);
25.          });
26.
27.        // 啟動 WebSocket 伺服器
28.        const WebSocket = require('ws');
29.        const wss = new WebSocket.Server({ server: fastify.server });
30.
31.        wss.on('connection', (ws) => {
32.          console.log('New client connected!');
33.
34.          // 每秒發送一次訊息
35.          const interval = setInterval(() => {
36.            ws.send('Hello from the server!');
37.          }, 1000);
38.
39.          // 10 秒後自動關閉連線
40.          const timeout = setTimeout(() => {
41.            if (ws.readyState === WebSocket.OPEN) {
42.              ws.send('Connection will be closed after 10 seconds.');
43.              ws.close(1000, '10 秒後自動關閉連線');
44.            }
45.          }, 10000);
46.
47.          ws.on('message', (message) => {
48.            console.log(`Received: ${message}`);
49.            ws.send(`You sent: ${message}`);
50.          });
51.
52.          ws.on('close', () => {
53.            clearInterval(interval);
54.            clearTimeout(timeout);
55.            console.log('Client has disconnected.');
```

```
56.         });
57.       });
58.     } catch (err) {
59.       fastify.log.error(err);
60.       process.exit(1);
61.     }
62. };
63. start();
```

並在 package.json 加入啟動指令。

程式碼 26-4 ▶▶ 啟動指令

```
"scripts": {
  "start": "node server.js"
}
```

如有需要，可以直接 Fork 我的 GitHub 專案。

GitHub 專案

https://github.com/mukiwu/websocket-server

我們已經完成了一個基本的 WebSocket 連線功能，現在可以在本機執行 `node server.js` 啟動專案來看看效果，如果執行成功，終端機應該會出現像程式碼 26-5 的資訊，表示伺服器已在 http://127.0.0.1:8080 正常執行。

程式碼 26-5 ▶▶ 在本機啟動專案

```
{"level":40,"time":1748188241368,"pid":44675,"hostname":"Mac.
localdomain","msg":"\"root\" path \"/Users/muki/websocket-server\"
must exist"}
Server listening on http://127.0.0.1:8080
{"level":30,"time":1748188241370,"pid":44675,"hostname":"Mac.
localdomain","msg":"Server listening at http://127.0.0.1:8080"}
```

在本地端啟動 WebSocket Server 並進行測試

在將 WebSocket Serever 部署到 Google Cloud Run 之前，我們可以先在本機進行測試。我們本機的伺服器位置是 HTTP，所以 WebSocket 的協議要用 `ws://`，如果是 HTTPS 則是用 `wss://`，這部分要稍微注意一下。

> **TIPS**
>
> `ws://` 與 `wss://` 的差別
>
> 在 WebSocket 連線時，`ws://` 與 `wss://` 是兩種不同的通訊協議，分別為「非加密」與「加密」的連線方式。
>
> - `ws://` 使用非加密的 WebSocket 通訊協議，類似於 HTTP。適合在本地端開發、測試環境或內部網路下使用，不會進行加密傳輸。
> - `wss://` 使用加密的 WebSocket 通訊協議，類似於 HTTPS。連線時資料會經過 TLS/SSL 加密，確保傳輸過程中不被竊聽或篡改。建議在生產環境使用，也符合瀏覽器的安全性要求。

接下來撰寫一份簡易的 JavaScript 進行 WebSocket 連線，裡面只有最基本的連線功能。

程式碼 26-6 ▶▶ 進行 WebSocket 連線

```
01. const socket = new WebSocket('ws:/localhost:8080/');
02.
03. socket.onopen = () => {
04.   document.getElementById('connection-status').textContent = '已連線';
05.   console.log('Connected to the WebSocket server');
06. };
07.
08. socket.onmessage = (event) => {
09.   const messagesDiv = document.getElementById('messages');
10.   const newMessage = document.createElement('p');
```

```
11.     newMessage.textContent = `Received: ${event.data}`;
12.     messagesDiv.appendChild(newMessage);
13.   };
14.
15.   socket.onclose = () => {
16.     document.getElementById('connection-status').textContent =
    '已關閉';
17.     console.log('WebSocket connection closed');
18.   };
19.
20.   socket.onerror = (error) => {
21.     document.getElementById('connection-status').textContent =
    '錯誤';
22.     console.error('WebSocket error:', error);
23.   };
```

開啟網頁後，會收到 WebSocket 傳給我們的內容，也就是我們在程式碼 26-3 第 36 行傳送的訊息，並且在 10 秒後自動關閉連線。

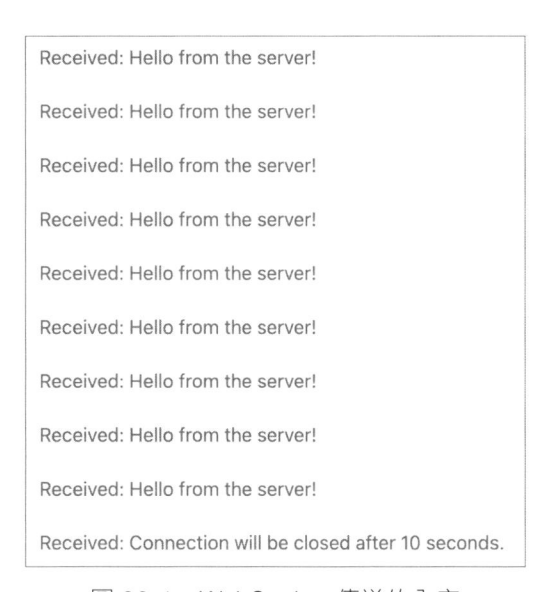

```
Received: Hello from the server!
Received: Hello from the server!
Received: Hello from the server!
Received: Hello from the server!
Received: Hello from the server!
Received: Hello from the server!
Received: Hello from the server!
Received: Hello from the server!
Received: Hello from the server!
Received: Connection will be closed after 10 seconds.
```

圖 26-1　WebSocket 傳送的內容

至此就完成了本機的測試，接下來會分享如何透過 Google Cloud Run 部署 WebSocker Server 專案並進行連線。

建立 Google Cloud Run 專案

使用 Google Cloud Run 的好處是不用自己架設 VM 或傳統伺服器，而且能透過 Github 專案或 Dockerfile 直接部署。伺服器區域選擇台灣的話，每月前 240,000 vCPU 秒免費，記憶體則是每月前 450,000 GiB 秒免費，如果要做小型的測試或私人專案算很夠用了。

☐ 建立新專案

進入 Google Cloud 服務，選擇產品 CloudRun，或者輸入網址：https://cloud.google.com/run，再點擊「前往控制台試用」。

圖 26-2　Cloud Run 介紹

點選 Google Cloud 服務後，選擇 GitHub 圖示的「連結存放區」。

圖 26-3　選擇連結存放區

此時服務區域會自動勾選「從存放區持續部署」，接著點擊「設定 Cloud Build」按鈕與自己的 GitHub repo 進行連結。如果沒有安裝過 Google Cloud Build 的話，按照指示進行安裝即可。

Chapter 26 使用 Google Cloud Run 架設 WebSocket Server

圖 26-4　安裝 Google Cloud Build

❑ 連接 GitHub 專案

接著選擇你的 GitHub 專案，以我為例就是 https://github.com/mukiwu/websocket-server，再來選擇要觸發部署的分支，這邊預設是 main，建置類型請選擇 Node.js。

圖 26-5　建構設定

309

設定完成後，每當我們將程式碼 push 到指定的分支時，Google Cloud Build 就會自動 pull 並部署到 Cloud Run，非常方便。地區可以選擇級別 1 的 asia-east1（台灣），圖 26-7 是 Google Cloud 官方價目表，更詳細的費用說明請參考（https://cloud.google.com/run/pricing）。

級別 1 區域的定價

資源	CPU	記憶體	要求
服務 (以執行個體計費) 工作	超過免費方案額度之後，每 vCPU-秒 $0.00001800 美元 免費：每月前 240,000 vCPU-秒免費 FlexCUD[0]：1 年 $0.00001296 美元 FlexCUD[0]：3 年 $0.00000972 美元	超過免費方案額度之後，每 GiB-秒 $0.00000200 美元 免費：每月前 450,000 GiB-秒免費 FlexCUD[0]：1 年 $0.00000144 美元 FlexCUD[0]：3 年 $0.00000108 美元	$0
服務 (在計費執行個體時間內採用依要求計費)	超過免費方案後，每 vCPU-秒 $0.00002400 美元 免費：每月前 180,000 vCPU-秒免費 CUD[1]：$0.00001992 美元 閒置最小值執行個體[2]：$0.00000250 美元	超過免費方案後，每 GiB-秒 $0.00000250 美元 免費：每月前 360,000 GiB-秒免費 CUD[1]：$0.000002075 美元 閒置最小值執行個體[2]：$0.00000250 美元	超過免費方案後，每 100 萬次要求 $0.40 美元[3] 免費方案：每月可免費使用 200 萬次要求 CUD[1]：$0.332

圖 26-6　Google Cloud 官方價目表

❑ 自動部署

設定完成後，Google Cloud Build 就會自動進行部署了，可以在建構紀錄看到我們的版本紀錄。

版本記錄　❚❚ 停止串流版本　　　　　　瞭解詳情

這個頁面會列出您的建構作業，最近的開始日期會顯示在上方。您可以查看建構作業詳細資料，瞭解記錄、執行作業詳情和建構作業構件。

篩選條件　輸入屬性名稱或值

狀態	版本	區域	來源	參照	修訂版本	觸發條件名稱	建立時間	持續時間
✔	4add9eff	global	mukiwu/websock...	main	294abf7	rmgpgab-...	2025/5/26 凌晨12:14	2 分鐘 33 秒
✔	8bbdc649	global	mukiwu/websock...	main	3c7ce2d	rmgpgab-...	2025/5/25 晚上11:51	2 分鐘 35 秒
!	b213731f	global	mukiwu/websock...	main	e0c97aa	rmgpgab-...	2025/5/25 晚上11:49	2 分鐘 26 秒
!	1e08c427	global	mukiwu/websock...	main	149e90f	rmgpgab-...	2025/5/25 晚上11:44	2 分鐘 17 秒
!	602092c3	global	mukiwu/websock...	main	41d582e	rmgpgab-...	2025/5/25 晚上11:40	2 分鐘 37 秒
!	697c898f	global	mukiwu/websock...	main	df9ae44	rmgpgab-...	2025/5/25 晚上11:34	39 秒

圖 26-7　版本紀錄

❏ 修改 WebSocket 連線網址

最後我們要修改 WebSocket 的連線網址。Google 提供了我們 HTTPS 連線，所以 WebSocket 的協議要用 wss:// 而非 ws://。

圖 26-8　WebSocket 連線網址

程式碼 26-7 ▶▶ 更新 WebSocket 連線網址

```
// 將本機的網址替換成 Google Cloud Run 提供的網址
// const socket = new WebSocket('ws:/localhost:8080/');
const socket = new WebSocket('wss:/websocket-server.asia-east1.run.app/');
```

存檔後重新開啟網頁，同樣會看到在程式碼 26-3 第 36 行傳送的訊息，並且在 10 秒後自動關閉連線。

WebSocket 連線的困難點

WebSocket 是一個單向通訊的服務，也就是當連線啟動時，前端只能被動接收來自 WebSocket Server 的通知，這會導致一個問題：當沒收到通知時，我們無法判斷是網路問題？還是 WebSocket 本身的錯誤？

會有這樣的問題，源自於 WebSocket 本身的特性。

❏ WebSocket 是非同步的

WebSocket 的連線狀態會隨時間動態變化，所以我們只能檢查當下的連線狀態。例如我在特定的時間點用 `readyState` 檢查連線狀態，此時此刻雖然是 OPEN，但也無法保證在檢查的下一分鐘、下一秒的連線狀態還是 OPEN，因此造成了「無法即時掌握連線狀態」的問題。

另外，WebSocket 的連線是依賴於底層網路，而網路問題（如封包遺失、延遲）可能導致連線中斷或狀態異常。但瀏覽器或伺服器不會立即察覺到連線已中斷，這會導致我們在檢查連線狀態時顯示為 OPEN，實際上資料傳輸卻早已中斷。

❏ 缺乏雙向 Ping 機制

雖然前端只要不主動關閉連線，WebSocket 就會是持久連線，但 WebSocket 缺乏雙向的 ping 機制來主動檢查連線。

伺服器雖然可以透過發送 ping 來檢查連線，但這依然是單向的，如果前端沒有實作類似的功能（例如定期 ping），那麼當連線中斷時，雙方可能都不會立即察覺，在這種情況下，就可能等到下一次嘗試發送訊息或進行操作時，才會發現連線已經中斷。

主動檢查 WebSocket 的連線狀態

我們通常會用定時器定時檢查 readyState 的連線狀態，或在 onerror 和 onclose 事件中捕捉錯誤，以便在連線異常時能立即處理，又或者是設定自動重連機制等等。以上這些方法都是透過前端處理，確保使用者端能在意外斷線後快速恢復連線。那後端有沒有相對應的機制來主動檢查 WebSocket 是否還活著呢？有的，這個機制叫做 ping / pong。

❏ ping / pong 機制

ping / pong 機制是網路層的心跳訊號。Server 會定期發送 ping 給所有連線的 Client，若 Client 仍在線，就會自動回傳 pong，後端就能知道連線正常，如果沒收到回應，就可以當作連線斷掉，此時 Server 端就能主動關閉連線。

我們來修改 WebSocket Server 的程式碼，加入 ping / pong 機制。

程式碼 26-8 ▶▶ 加入 ping / pong 機制

```
01.  // 定期發送 ping
02.  const pingInterval = setInterval(() => {
03.    if (ws.readyState === WebSocket.OPEN) {
04.      ws.ping();
05.      console.log('Ping sent');
06.    }
07.  }, 5000);
08.
09.  // 當收到 Client 端的 pong 時
10.  ws.on('pong', () => {
11.    console.log('Pong received');
12.  });
13.
14.  ws.on('close', () => {
15.    clearInterval(interval);
16.    // 停止 ping
17.    clearInterval(pingInterval);
18.    clearTimeout(timeout);
19.    console.log('Client has disconnected.');
20.  });
```

`ping()` 和 `pong()` 是用來檢查底層網路層的連線，不是用來傳遞消息的，所以不會被 Client 端的 message 事件接收。也就是說，Client 端會自動回應 Server 端的 ping 消息，並發送一個 pong，但不會觸發 message 事件。所以我們要從後端的 Log 確認這個連線狀態，以 Google Cloud 為例，打開 Log Explorer 就能看到對應的訊息。

```
>  *  2025-05-26 02:30:08.019   Ping sent
>  *  2025-05-26 02:30:08.128   Pong received
>  *  2025-05-26 02:30:38.019   Ping sent
>  *  2025-05-26 02:30:38.131   Pong received
```

圖 26-9　ping / pong 機制追蹤

線上範例

https://mukiwu.github.io/web-api-demo/websocket.html

常見問題

Q **WebSocket Server 在 Cloud Run 上部署會自動斷線嗎？**

A Cloud Run 預設支援 HTTP/1 與 HTTP/2，所以 WebSocket 連線可正常運作。但若連線長時間閒置，Cloud Run 可能會因「閒置容器自動關閉」而中斷連線。建議使用 ping / pong 機制或設定客戶端自動重連機制以保持連線穩定。

Q **ping / pong 的頻率該怎麼設定？**

A 程式碼 26-3 有設定 10 秒後自動斷線的功能，所以我對 ping / pong 的頻率設計為 5 秒一次，不然無法觸發。但 ping/pong 頻率常見做法是 30 秒到 1 分鐘發送一次，發送太頻繁可能造成額外負擔，太久則可能無法即時偵測斷線，但還是建議依應用場景來決定最佳頻率。

小結

我們介紹了如何使用 Google Cloud Run 部署 WebSocket Server，並使用後端的 ping / pong 機制，加強 WebSocket 的穩定性與安全性。希望透過這些技巧，幫助各位了解 WebSocket 的連線原理與實務應用。

本章回顧

- 使用 Google Cloud 平台部署 Node.js WebSocket Server。
- 介紹 ws 模組與 Fastify。
- 了解 WebSocket 的非同步特性與連線檢查的困難。
- 實作後端的 ping / pong 機制來加強連線檢查。

Note

PART

11

Browser Web API 組合技

整合不同的 Browser Web API 做出各種有趣的服務

本篇學習目標

Chapter 27　用 WebSocket 實作多人白板服務

Chapter 28　結合 File API 與 Web Speech API 製作文件閱讀器

Chapter 29　製作情緒追蹤器，以更好地理解自己

PART 11　Browser Web API 組合技

Chapter 27　用 WebSocket API 和 Canvas API 實作多人白板服務

> 一分鐘概覽

多人白板服務像 Miro 或 FigJam，可以讓大家同時在線上畫畫、編輯與標註，而且能即時看到彼此的動作，這種應用需要不停的傳輸資料，還要多人同步協作，而 WebSocket 的雙向通訊功能就非常適合用在這裡。

我們會從多人白板的架構設計開始，深入介紹前後端的技術實作，最後延伸到線上人數統計與畫筆顏色分配等功能，讓大家可以快速建立原型並做出更多的延伸應用。

使用到的 Browser Web API

- **WebSocket API**：提供瀏覽器與伺服器之間的雙向通訊管道，適合用於即時資料交換，相關介紹請參考 CH26。
- **Canvas API**：在 HTML 中畫布上進行 2D 圖形繪製，適合畫筆、圖形和動畫等視覺化應用。

架構設計

多人白板的重點，就是讓大家能同時在線上一起畫畫，而且畫面要能同步流暢。所以系統會拆分成以下幾個部分：

- 使用 WebSocket 連線，讓每個人都能接收到它人的操作，比如畫筆的軌跡或物件的變動。
- 伺服器會記錄畫布現在的狀態和線上的使用者人數，也會處理資料同步的邏輯。
- 前端使用 Canvas 即時取得畫筆的動作，並畫出接收到的軌跡資料，確保畫面的流暢。

使用 Node.js + Fastify + ws 模組進行 WebSocket 通訊

WebSocket 使用 Set 管理所有連線的 Client。當有新的 Client 連線時，就會被加入到清單中，收到訊息時會轉發給其它在線的 Client，這樣就會形成即時的廣播機制。當 Client 中斷連線，伺服器會自動將它移除，避免資源的浪費。

此外為了保持連線活躍，我們使用了在 CH26 介紹的 ping / pong 機制，讓伺服器每隔 30 秒向 Client 傳送一次 ping，若收到 pong 回應則輸出提示，若 Client 斷線也會停止對應的 ping 任務。

程式碼 27-1 ▶▶ 後端建立 WebSocket 通訊機制

```
01. // 匯入模組，建立 Fastify 應用程式，打開 LOG 功能
02. const fastify = require('fastify')({ logger: true });
03. const path = require('path');
04. const WebSocket = require('ws');
05.
06. // 設定根目錄與 URL 前綴
07. fastify.register(require('@fastify/static'), {
08.   root: path.join(__dirname, 'public'),
09.   prefix: '/',
10. });
11.
12. // 檢查 WebSocket 伺服器狀態
```

```
13.  fastify.get('/api', async (request, reply) => {
14.    return { status: 'WebSocket Server is running!' };
15.  });
16.
17.  const start = async () => {
18.    try {
19.      const server = await fastify.listen({ port: 3000, host: '0.0.0.0' });
20.      console.log('Server listening on http://localhost:3000');
21.
22.      const wss = new WebSocket.Server({ server: fastify.server });
23.
24.      // 用 Set 儲存所有已連線的 Client
25.      const clients = new Set();
26.
27.      // 處理 Client 連線事件
28.      wss.on('connection', (ws) => {
29.        console.log('New client connected!');
30.        clients.add(ws);
31.
32.        // 當收到 Client 訊息,轉發給其它 Client
33.        ws.on('message', (data) => {
34.          console.log('Received:', data.toString());
35.          for (const client of clients) {
36.            if (client !== ws && client.readyState === WebSocket.OPEN) {
37.              client.send(data);
38.            }
39.          }
40.        });
41.
42.        // 當 Client 關閉連線時,從 Set 移除
43.        ws.on('close', () => {
44.          clients.delete(ws);
45.          console.log('Client disconnected.');
46.        });
47.
48.        // 定期發送 ping,確保連線活躍
49.        const pingInterval = setInterval(() => {
50.          if (ws.readyState === WebSocket.OPEN) {
51.            ws.ping();
52.            console.log('Ping sent');
53.          }
54.        }, 30000);
```

```
55.
56.        // 收到 pong 回應
57.        ws.on('pong', () => {
58.          console.log('Pong received');
59.        });
60.
61.        // 當 Client 關閉連線時，停止 ping
62.        ws.on('close', () => {
63.          clearInterval(pingInterval);
64.        });
65.      });
66.    } catch (err) {
67.      fastify.log.error(err);
68.      process.exit(1);
69.    }
70.  };
71.
72.  start();
```

使用 Canvas 即時取得筆畫資訊

前端的重點是 Canvas 的繪製與渲染，我們會設定兩個變數：`drawing` 判斷是否正在繪圖，`points` 用來記錄每次繪圖的路徑點，再透過 WebSocket 連線，讓畫布和伺服器能互相即時通訊。

同時也會監聽許多滑鼠事件，包含用 `mousedown()` 事件紀錄滑鼠座標，`mousemove()` 事件持續收集座標資料。每當滑鼠移動產生新的點位時，前端都會將這筆訊息傳送給 WebSocket Server，Server 收到資料後會再將它廣播給其它使用者。

將資料廣播給其使用者時，會呼叫監聽的 `socket.onmessage()` 事件，用來接收其它使用者的畫筆資料，再將畫筆資料進行解析，解析的內容如果包含繪圖指令，就呼叫 `drawFromServer()` 函式，並描繪出對應的筆畫線條，這樣就可以讓大家的畫畫軌跡在所有使用者的畫面同步更新。

最後分享一些輔助函式：

- `getMousePos`：計算滑鼠在畫布上的位置。
- `drawLine`：根據座標在畫布上畫出線段。
- `drawFromServer`：接收從伺服器傳來的繪圖資料，並把這些線段在畫布上畫出來。

程式碼 27-2 ▶▶ 使用 Canvas 繪圖與取得筆畫資訊

```
01. const canvas = document.getElementById('board');
02. const ctx = canvas.getContext('2d');
03. // 記錄是否正在畫圖，及目前的座標點
04. let drawing = false;
05. let points = [];
06.
07. // 建立 WebSocket 連線
08. const socket = new WebSocket('ws://localhost:3000');
09.
10. // WebSocket 連線成功
11. socket.onopen = () => {
12.   console.log('Connected to WebSocket server.');
13. };
14.
15. // 接收從伺服器廣播來的筆畫資料
16. socket.onmessage = (event) => {
17.   // 如果收到的資料是二進位 Blob，就用 FileReader 讀成文字再 parse
18.   if (event.data instanceof Blob) {
19.     const reader = new FileReader();
20.     reader.onload = () => {
21.       const data = JSON.parse(reader.result);
22.       // 當資料型別是 'draw'，就呼叫 drawFromServer() 把別人的筆劃畫到畫面上
23.       if (data.type === 'draw') {
24.         drawFromServer(data);
25.       }
26.     };
27.     reader.readAsText(event.data);
28.   } else {
29.     const data = JSON.parse(event.data);
30.     if (data.type === 'draw') {
```

```
31.        drawFromServer(data);
32.     }
33.   }
34. };
35.
36. socket.onclose = () => {
37.   console.log('WebSocket disconnected.');
38. };
39.
40. // 滑鼠按下，開始紀錄筆劃
41. canvas.addEventListener('mousedown', (e) => {
42.   drawing = true;
43.   const { x, y } = getMousePos(e);
44.   points.push({ x, y });
45. });
46.
47. // 當滑鼠移動，若正在繪圖就畫線並發送資料
48. canvas.addEventListener('mousemove', (e) => {
49.   if (!drawing) return;
50.   const { x, y } = getMousePos(e);
51.   points.push({ x, y });
52.   // 在自己的畫面上畫出筆劃
53.   drawLine(points[points.length - 2], points[points.length - 1],
    '#000');
54.   // 將當前筆劃封裝成訊息，送給後端
55.   const message = {
56.     type: 'draw',
57.     userId: 'user123',
58.     boardId: 'board001',
59.     color: '#000',
60.     // 本次滑鼠移動的兩點
61.     points: [points[points.length - 2], points[points.length - 1]],
62.     timestamp: Date.now()
63.   };
64.   socket.send(JSON.stringify(message));
65. });
66.
67. // 當滑鼠放開，結束繪圖
68. canvas.addEventListener('mouseup', () => {
69.   drawing = false;
70.   points = [];
71. });
72.
```

```
73.  // 取得滑鼠在 canvas 上的座標
74.  function getMousePos(e) {
75.    const rect = canvas.getBoundingClientRect();
76.    return { x: e.clientX - rect.left, y: e.clientY - rect.top };
77.  }
78.
79.  // 用指定顏色在畫布上畫一條線
80.  function drawLine(start, end, color) {
81.    ctx.strokeStyle = color;
82.    ctx.lineWidth = 2;
83.    ctx.beginPath();
84.    ctx.moveTo(start.x, start.y);
85.    ctx.lineTo(end.x, end.y);
86.    ctx.stroke();
87.  }
88.
89.  // 從其它使用者接收的畫筆資料，畫出對應的筆劃
90.  function drawFromServer(data) {
91.    const points = data.points;
92.    if (points.length < 2) return;
93.    drawLine(points[0], points[1], data.color || '#000');
94.  }
```

開啟兩個視窗，並同時連到 WebSocket 伺服器。當其中一個視窗在畫布上畫圖時，另一個視窗就會即時顯示相同的繪圖線條，形成多人同時繪圖的效果。

圖 27-1　在 Canvas 繪圖取得畫筆資訊

分配不同顏色的畫筆

在圖 27-1 我開了兩個視窗，創立了兩個連線後進行繪畫，但因為畫筆預設為黑色，且沒有可以調整顏色的選項，所以導致大家分不清楚是誰畫的。

因此我們來做個調整，當伺服器啟動時，會使用 Map 紀錄所有已連線的使用者與它們專屬的顏色。每當有新的使用者連線時，會呼叫 getRandomColor() 隨機分配一個顏色，再透過 WebSocket 傳給該使用者。

使用者在繪圖時，會在訊息內加上自己的顏色，然後廣播給其它的使用者，這是為了確保每個使用者都能及時看見它人的畫筆顏色與內容。我在程式碼 27-1 的基礎上調整修改，並加入相關註解方便大家辨識。

程式碼 27-3 ▶▶ 透過後端伺服器分配畫筆顏色給使用者

```
01. const start = async () => {
02.   try {
03.     await fastify.listen({ port: 3000, host: '0.0.0.0' });
04.     console.log('Server listening on http://localhost:3000');
05.     const wss = new WebSocket.Server({ server: fastify.server });
06.     // 用 Map 記錄所有連線中的使用者，Key 是每個 WebSocket 物件，
        Value 是該使用者被分配的顏色
07.     const clients = new Map();
08.     // 產生隨機顏色給每個使用者
09.     function getRandomColor() {
10.       const letters = '0123456789ABCDEF';
11.       let color = '#';
12.       for (let i = 0; i < 6; i++) {
13.         color += letters[Math.floor(Math.random() * 16)];
14.       }
15.       return color;
16.     }
17.     wss.on('connection', (ws) => {
18.       console.log('New client connected!');
19.       const color = getRandomColor();
20.       // 將使用者顏色存入 Map
21.       clients.set(ws, color);
```

```
22.        // 發送顏色給使用者
23.        ws.send(JSON.stringify({
24.          type: 'assignColor',
25.          color
26.        }));
27.        ws.on('message', (data) => {
28.          console.log('Received:', data.toString());
29.          // 告訴所有使用者自己的顏色
30.          const parsed = JSON.parse(data);
31.          parsed.color = clients.get(ws);
32.          const msg = JSON.stringify(parsed);
33.          // 發送訊息給所有使用者
34.          for (const [client, _] of clients) {
35.            if (client !== ws && client.readyState === WebSocket.OPEN) {
36.              client.send(msg);
37.            }
38.          }
39.        });
40.        ws.on('close', () => {
41.          clients.delete(ws);
42.          console.log('Client disconnected.');
43.          clearInterval(pingInterval);
44.        });
45.        const pingInterval = setInterval(() => {
46.          if (ws.readyState === WebSocket.OPEN) {
47.            ws.ping();
48.            console.log('Ping sent');
49.          }
50.        }, 30000);
51.        ws.on('pong', () => {
52.          console.log('Pong received');
53.        });
54.      });
55.    } catch (err) {
56.      fastify.log.error(err);
57.      process.exit(1);
58.    }
59. };
```

前端的處理相對比較簡單，首先將原本指定的黑色存成變數 myColor：

```
let myColor = '#000';
```

在 socket.onmessage() 監聽事件中，改成先用 handleServerMessage() 處理筆畫顏色再呼叫 drawFromServer()：

程式碼 27-4 ▶▶ 修改 socket.onmessage() 監聽事件

```
01.  socket.onmessage = (event) => {
02.    if (event.data instanceof Blob) {
03.      const reader = new FileReader();
04.      reader.onload = () => {
05.        const text = reader.result;
06.        const data = JSON.parse(text);
07.        // 原本的程式碼（如果沒有修改,會畫出兩條線,因為會收到兩次）
08.        // if (data.type === 'draw') {
09.        //   drawFromServer(data);
10.        // }
11.        // 修改後
12.        handleServerMessage(data);
13.      };
14.      reader.readAsText(event.data);
15.    } else {
16.      const data = JSON.parse(event.data);
17.      // 原本的程式碼
18.      // if (data.type === 'draw') {
19.      //   drawFromServer(data);
20.      // }
21.      // 修改後
22.      handleServerMessage(data);
23.    }
24.  };
```

程式碼 27-5 ▶▶ handleServerMessage() 函式

```
01.  function handleServerMessage(data) {
02.    if (data.type === 'assignColor') {
03.      myColor = data.color;
04.      myColorElement.textContent = myColor;
05.      console.log('Assigned color:', myColor);
06.    } else if (data.type === 'draw') {
07.      drawFromServer(data);
08.    }
09.  }
```

PART 11 Browser Web API 組合技

重啟 WebSocket 伺服器後再打開網頁，Server 就會隨機分配畫筆的顏色給每個使用者，這樣繪畫時就能清楚分辨是誰畫的了。

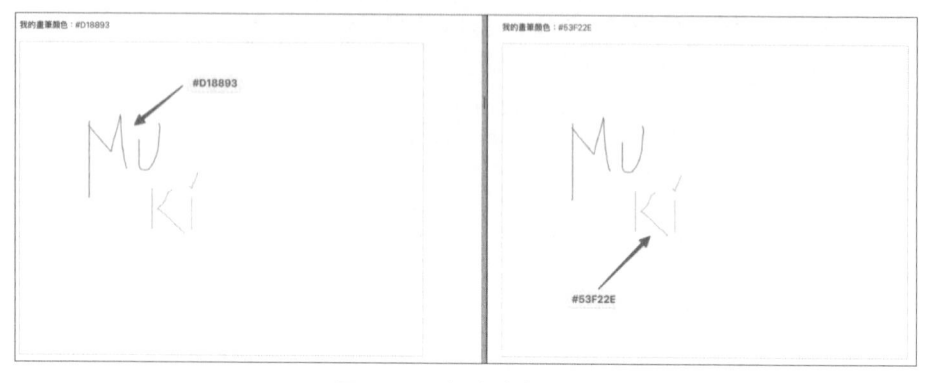

圖 27-2　加上畫筆顏色

顯示線上人數

如果今天使用的人很多，我們該怎麼知道有多少人在線上呢？可以讓伺服器在使用者連線或斷線時，即時更新目前的線上人數，並透過 WebSocket 廣播給所有使用者。

☐ 後端步驟 1：新增 broadcastOnlineCount() 函式

程式碼 27-6 ▶▶ 定義一個函式，用來廣播目前線上人數

```
01. function broadcastOnlineCount() {
02.   const onlineCount = clients.size;
03.   const msg = JSON.stringify({
04.     type: 'onlineCount',
05.     count: onlineCount
06.   });
07.   for (const [client, _] of clients) {
08.     if (client.readyState === WebSocket.OPEN) {
09.       client.send(msg);
10.     }
11.   }
12. }
```

❏ 後端步驟 2：有新使用者連線時，呼叫 broadcastOnlineCount()

程式碼 27-7 ▶▶ 呼叫 broadcastOnlineCoount()

```
01. wss.on('connection', (ws) => {
02.   console.log('New client connected!');
03.
04.   // 廣播目前在線人數
05.   broadcastOnlineCount();
06.
07. });
```

❏ 後端步驟 3：使用者離線時，也要更新線上人數

程式碼 27-8 ▶▶ 使用者離線呼叫 broadcastOnlineCount()

```
01. wss.on('close', (ws) => {
02.   console.log('client closed!');
03.
04.   // 廣播目前在線人數
05.   broadcastOnlineCount();
06.
07. });
```

❏ 前端步驟 1：新增顯示線上人數的標籤

程式碼 27-9 ▶▶ 顯示線上人數

```
01. <div id="online-count"></div>
02.
03. <script>
04.   const onlineCountElement = document.getElementById('online-count');
05. </script>
```

🔲 前端步驟 2：修改 handleServerMessage()

我們在程式碼 27-5 有新增 handleServerMessage() 函式，用來處理從 Server 收到的訊息，包含畫筆顏色、繪製功能等等，現在我們可以再加入 type 為 'onlineCount' 的處理，這段是後端在 WebSocket 設定的類型，請參考程式碼 27-6 的第 4 行。

程式碼 27-10 ▶▶ 收到線上人數資料後，更新畫面上的顯示

```
01. function handleServerMessage(data) {
02.   if (data.type === 'assignColor') {
03.     myColor = data.color;
04.     myColorElement.textContent = myColor;
05.     console.log('Assigned color:', myColor);
06.   } else if (data.type === 'draw') {
07.     drawFromServer(data);
08.   } else if (data.type === 'onlineCount') {
09.     // 收到線上人數資料後，更新畫面上的顯示
10.     onlineCountElement.textContent = data.count;
11.     console.log('Online count updated:', data.count);
12.   }
13. }
```

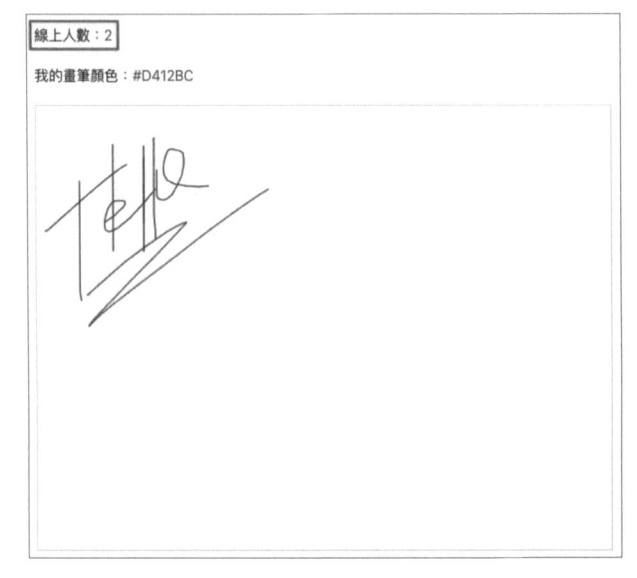

圖 26-3　顯示線上人數

我將前後端完整的程式碼範例放在 Gist 給大家參考，大家可以直接拿來使用，記得將 WebSocket 伺服器修改成你自己的位置。

線上範例

https://gist.github.com/mukiwu/06f203fc68235a8c16fe9ae0a3b6ee5e

完整程式碼放在 Gist。

常見問題

Q 為什麼多人白板服務會選擇用 WebSocket 而不是 AJAX？

A 相比於 AJAX 請求，WebSocket 不需要重複開新連線，效率更高、延遲更低，非常適合多人即時互動的應用。

Q 如果 Server 或使用者網路中斷，可以怎麼處理？

A WebSocket 有提供 onclose、onerror 等事件監聽，可以讓前端即時偵測連線異常，做出自動重連的機制。後端也可以透過 ping / pong 機制確保連線活著，若斷線時可移除對應的使用者連線。

Q 我想讓白板支援更多功能，例如多人房間或歷史記錄，要怎麼做？

A 這一版提供的基礎架構已支援多人同步。如果要實作多人房間功能，可以在後端再用房間 ID 分組廣播；如果要有歷史紀錄，可以把畫筆資料存在資料庫，在使用者進房時再還原歷史軌跡。

小結

這個章節分享了更多的 WebSocket Server 的資料同步設計，還有前端結合 Canvas 的實作與即時渲染，做出了一個基本可用的多人白板服務。整個過程中，WebSocket 雙向通訊、Server 端的狀態管理與前端的渲染，是組成這個服務的三大關鍵，未來也可以從這三個核心功能往外延伸，做出更多功能。

本章回顧

- 後端透過 Node.js + Fastify + ws，管理每個使用者的顏色與狀態，並即時廣播所有使用者的畫筆資料。
- 前端使用 Canvas 與 WebSocket，即時繪製畫筆線條與接收它人資料。

Chapter 28 結合 File API 與 Web Speech API 製作文件閱讀器

一分鐘概覽

讓我們來做一個能朗讀檔案內容的文件閱讀器，首先使用 File API 上傳文字檔案並解析內容，再結合 Web Speech API 中的 SpeechSynthesis 語音合成功能，將文字轉為語音播放。此外還會介紹 Page Visibility API，讓我們在切換分頁時會自動暫停朗讀，返回頁面後才會繼續朗讀。

使用到的 Browser Web API

- **Web Speech API**：提供語音辨識（SpeechRecognition）與語音合成（SpeechSynthesis）功能，通常用於語音輸入、語音導航或文字朗讀等應用，更多介紹請參考 CH14。
- **File API**：讓網站可以讀取使用者電腦上的檔案，例如文字檔、圖片或表格，更多介紹請參考 CH23。
- **Page Visibility API**：這個 API 可以幫助我們知道使用者是不是還在看這個網頁，如果使用者切到別的分頁或最小化視窗，網頁就能暫停某些運作，增強使用者的體驗。

使用 Page Visibility API 判斷當前頁面的可見性狀態

Page Visibility API 的功能是判斷使用者有沒有切成其它分頁，是否還在看這個網頁？我們會透過監聽 `visibilitychange` 事件是否有被觸發，以及 `document.hidden` 判斷當前頁面的可見狀態。

程式碼 28-1 ▶▶ 取得當前頁面的可見狀態

```
01. document.addEventListener('visibilitychange', function() {
02.   console.log('visibilitychange event fired', document.hidden);
03. });
```

❏ 切換 Youtube 影片播放與暫停

可以搭配 Youtube 的 IFrame Player API 控制影片播放暫停，當使用者切換至其它分頁時，影片會暫停播放，返回時會自動繼續播放。

首先使用 `<iframe>` 語法嵌入影片，並設定參數 `enablejsapi=1` 來啟用 Youtube API。

程式碼 28-2 ▶▶ HTML 結構

```
01. <iframe id="player" width="560" height="315" src="https://www.
    youtube.com/embed/mVW1xZNeQuc?enablejsapi=1" frameborder="0"
    allow="autoplay; encrypted-media" allowfullscreen></iframe>
02.
03. <!-- 載入 Youtube IFrame Player API -->
04. <script src="https://www.youtube.com/iframe_api"></script>
```

使用 Youtube 的 `pauseVideo()` 和 `playVideo()` 控制影片播放與暫停，而 `document.hidden` 可以得知使用者現在有沒有在看這個分頁，加入條件控制後就能做到自動播放與暫停的功能了。

程式碼 28-3 ▶▶ 讓影片自動播放與暫停

```
01. <script>
02.     // 儲存 YouTube 播放器實例
03.     let ytPlayer;
04.
05.     // YouTube IFrame API 載入完成後會自動呼叫此函式
06.     function onYouTubeIframeAPIReady() {
07.       ytPlayer = new YT.Player('player', {
08.         events: {
09.           'onReady': onPlayerReady
10.         }
11.       });
12.     }
13.
14.     // 播放器準備完成後綁定 visibilitychange 事件
15.     function onPlayerReady(event) {
16.       document.addEventListener('visibilitychange', function() {
17.         // 如果頁面被隱藏,暫停播放
18.         if (document.hidden) {
19.           ytPlayer.pauseVideo();
20.         } else {
21.           // 回到頁面時繼續播放
22.           ytPlayer.playVideo();
23.         }
24.       });
25.     }
26. </script>
```

文件閱讀器

我希望打造出來的閱讀器會有以下功能:

- 上傳文字檔案後會解析內容,並顯示在畫面上
- 會有開始閱讀,暫停,與停止播放的功能
- 可以調整說話的速度

PART 11 Browser Web API 組合技

圖 28-1　文件閱讀器畫面

建立變數

程式碼 28-4 ▶▶ 初始化變數

```
01. // 初始化 Web Speech API 的語音合成器
02. let speechSynth = window.speechSynthesis;
03.
04. // 語音合成器實例，用於設定語音內容、速度、音調等參數
05. let utterance = null;
06.
07. // 追蹤當前朗讀的文字位置，在暫停後繼續朗讀時，會從正確的位置開始
08. let currentPosition = 0;
09.
10. // 上傳的文字檔案內容
11. let content = '';
12.
13. // 節流器計時器，可以控制語速調整的頻率，避免過於頻繁的重新朗讀
```

```
14.  let throttleTimer = null;
15.
16.  // 顯示當前操作狀態，如調整語速等訊息
17.  let status = document.getElementById('status');
```

❏ 檔案上傳功能

讓我們再用 File API 快速打造上傳檔案的功能，這一次我們要規定上傳的檔案必須是 TXT 文字檔。

程式碼 28-5 ▶▶ 只能上傳 TXT 文字檔

```
<input type="file" id="fileInput" accept=".txt" />
```

當使用者上傳檔案後，我們使用 FileReader 讀取該檔案的內容，並透過 `readAsText()` 方法以文字讀取檔案。

程式碼 28-6 ▶▶ 讀取檔案內容

```
01.  // 上傳檔案時觸發 change 事件
02.  document.getElementById('fileInput').addEventListener('change',
     (e) => {
03.    // 取得第一個選取的檔案
04.    const file = e.target.files[0];
05.
06.    // 建立 FileReader 來讀取檔案內容
07.    const reader = new FileReader();
08.
09.    // 讀取完成後觸發 onload 事件
10.    reader.onload = (event) => {
11.      // 取得讀取後的文字內容
12.      content = event.target.result;
13.      // 顯示在畫面上的 content 區塊
14.      document.getElementById('content').textContent = content;
15.    };
16.
17.    // 以文字方式讀取檔案
18.    reader.readAsText(file);
19.  });
```

> **onload 事件觸發時機**
>
> 程式碼 28-6 的第 18 行 `reader.readAsText(file)` 讀取完成後，才會觸發第 10 行的 `reader.onload` 事件處理函式，這是一個典型的非同步設計模式。

❏ 播放、暫停與調整說話速度

接著實作三個按鈕，分別為「播放」、「暫停」與「停止」，再加上 `<input type="range">` 的滑桿調整說話的速度。

程式碼 28-7 ▶▶ 控制按鈕的 HTML 結構

```html
01. <div class="controls">
02.     <button id="playBtn">播放</button>
03.     <button id="pauseBtn">暫停</button>
04.     <button id="stopBtn">停止</button>
05.
06.     <input type="range" id="rateRange" min="0.5" max="2" step="0.1" value="1">
07.     <span id="rateValue">1x</span>
08. </div>
```

此時有四個監聽事件，包含三個 `click` 和一個 `input`。開始閱讀和調整語速的事件內容，會在後面介紹，所以這邊先放 `console.log` 示意。

程式碼 28-8 ▶▶ 監聽事件

```javascript
01. // 開始語音播放
02. document.getElementById('playBtn').addEventListener('click', () => {
03.     console.log('開始閱讀');
04. });
05.
06. // 暫停語音播放
07. document.getElementById('pauseBtn').addEventListener('click', () => {
08.     speechSynth.pause();
09. });
10.
11. // 停止語音播放並重置
```

```
12.  document.getElementById('stopBtn').addEventListener('click', () => {
13.    speechSynth.cancel();
14.  });
15.
16.  // 調整語速
17.  document.getElementById('rateRange').addEventListener('input', (e) => {
18.    console.log(' 調整說話速度 ');
19.  });
```

❑ 加入語音朗讀功能

再來串接 Web Speech API，我們要建立 `speak()` 函式，並傳入兩個參數：

- `text` 參數：表示文字內容。
- `position` 參數：可選，預設為 0，是當前語音朗讀的定位點。

程式碼 28-9 ▶▶ 語音朗讀功能

```
01.  const speak = (text, position = 0) => {
02.    // 創建一個新的 SpeechSynthesisUtterance 物件，包含要進行語音合成的文字
03.    utterance = new SpeechSynthesisUtterance(text);
04.
05.    // 設定語音，預設使用美佳
06.    utterance.voice = speechSynth.getVoices().find(voice =>
07.      voice.name.includes('Microsoft Meijia'));
08.
09.    // 設定語音速度，根據 'rateRange' 輸入元素的值，轉換為浮點數
10.    utterance.rate = parseFloat(document.getElementById
    ('rateRange').value);
11.
12.    // 定義 'onboundary' 事件處理函式，用於追蹤語音播放時的字元位置
13.    utterance.onboundary = (e) => {
14.      // 更新全域變數 'currentPosition'，將起始位置與當前字元索引相加
15.      currentPosition = position + e.charIndex;
16.    };
17.
18.    // 指示語音合成引擎開始播放設定好的語音內容
19.    speechSynth.speak(utterance);
20.  };
```

有了 speak() 函式後就可以完成程式碼 28-8「開始閱讀」事件裡的程式碼。使用者點擊開始閱讀的按鈕後，會判斷現在是不是暫停狀態，如果不是暫停狀態，表示可能為第一次播放，就會呼叫 speak() 函式，從目前的 currentPosition（預設為 0）朗讀剩下的文字。

程式碼 28-10 ▶▶ 在監聽事件中增加 speak() 函式

```
01. document.getElementById('playBtn').addEventListener('click', () => {
02.   if (content) {
03.     // 如果目前語音是暫停狀態，則恢復朗讀
04.     if (speechSynth.paused) {
05.       speechSynth.resume();
06.       status.textContent = '已恢復閱讀';
07.     } else {
08.       // 語音不是暫停的狀態（可能是第一次播放或已朗讀結束），就從目前位置開始朗讀剩下的內容
09.       speak(content.slice(currentPosition), currentPosition);
10.       status.textContent = '開始閱讀';
11.     }
12.   }
13. });
```

❏ 調整語速功能

宣告 adjustRate() 函式來變更語速，會接收兩個參數：

- rate 參數：新的語速數值，例如 1 倍速、2 倍速。

- message 參數：提示訊息，可以告訴使用者現在的語速，例如「已調整為 1.25 倍速」。

在使用者調整倍速的同時，adjustRate() 會即時套用新的語速設定，並呼叫前面做的 speak() 函式，功能是可以接著念後面的內容。我們還會使用節流計時器 throttleTimer 控制朗讀的頻率，避免頻繁中斷與播放時造成卡頓的問題。

程式碼 28-11 ▶▶ 調整語速功能

```
01.  const adjustRate = (rate, message = '') => {
02.    // 將輸入的 rate 轉為數字，避免可能因字串造成錯誤
03.    rate = parseFloat(rate)
04.
05.    // 將新的語速值更新到語速控制的 range input 元件上
06.    document.getElementById('rateRange').value = rate
07.
08.    // 更新畫面上顯示的語速文字，例如 "1.5x"
09.    document.getElementById('rateValue').textContent = `${rate}x`
10.
11.    // 如果有傳入訊息，顯示在畫面狀態欄中
12.    if (message) {
13.      status.textContent = message
14.    }
15.
16.    // 清除上一個尚未執行的節流計時器，避免連續觸發
17.    clearTimeout(throttleTimer)
18.
19.    // 設定一個新的節流計時器，延遲 200 毫秒後執行朗讀重啟
20.    throttleTimer = setTimeout(() => {
21.      // 使用 speechSynth.speaking 確認是否正在朗讀
22.      if (speechSynth.speaking) {
23.        // 記錄目前朗讀的位置
24.        const currentIndex = currentPosition
25.        // 停止原本的朗讀
26.        speechSynth.cancel()
27.        // 從中斷位置開始用新的語速朗讀剩下的內容
28.        speak(content.slice(currentIndex), currentIndex)
29.      }
30.    }, 200)
31.  }
```

❏ 切換分頁後，從中斷位置繼續閱讀

最後使用 Page Visibility API 控制頁面狀態，跟程式碼 28-3 範例一樣，根據 `document.hidden` 來決定要不要繼續播放語音。

```
01. document.addEventListener('visibilitychange', () => {
02.   if (document.hidden) {
03.     // 當使用者切換到其它分頁且正在朗讀,則暫停朗讀
04.     if (speechSynth.speaking) {
05.       speechSynth.pause();
06.     }
07.   } else {
08.     // 當使用者回到頁面且語音處於暫停狀態,就恢復朗讀
09.     if (speechSynth.paused) {
10.       speechSynth.resume();
11.     }
12.   }
13. });
```

完整的程式碼請參考線上範例,大家可以上傳一份純文字檔案,並開啟音量試著聽聽看效果。

線上範例

https://mukiwu.github.io/web-api-demo/e-reader-ithome.html

常見問題

Q 使用者快速拖動語速控制條,朗讀內容會閃爍甚至失效,怎麼辦?

A 可以使用 setTimeout 做節流處理,避免太頻繁的操作導致效能問題,如果沒有節流,每次調整語速都會觸發 cancel → speak,可能會讓使用者覺得系統有問題。

Q 為什麼更新語速要用 speechSynth.cancel() 而不是 speechSynth.pause()?

A 因為 pause() 只能暫停當前的朗讀,不會套用新的語速,所以我們要先 cancel() 再重新 speak()。

> **Q** 用 document.hidden 判斷頁面可見性，有時候跟預期的結果不同。
>
> **A** 不同瀏覽器在某些狀況下對「可見與否」的定義可能會不同，例如 Chrome 在瀏覽器縮到最小、視窗被其它應用蓋住時也會觸發 hidden，但有些瀏覽器不一定會。如果想要更精細的判斷，可以再搭配 document.visibilityState 使用。

本章回顧

- 讀取本地檔案內容，並用 SpeechSynthesisUtterance 物件轉換為可以語音播放的格式。
- 建立播放的流程控制，搭配 currentPosition 記錄當前朗讀進度。
- 透過使用者選擇的語速值更新在網頁上，並即時用新的速度朗讀剩下的內容。
- 加入節流機制，讓使用者不會因為頻繁調整語速造成卡頓等問題。

PART 11 Browser Web API 組合技

Chapter 29 製作情緒追蹤器，以更好地理解自己

一分鐘概覽

我們除了記錄行程外，也可以用 Browser Web API 紀錄追蹤自己的情緒。這個範例結合了檔案上傳 File API、音檔處理 Audio API、地點定位 Geolocation API，和本地儲存 IndexedDB API。有了完整的資料架構和檔案內容後，未來要延伸做各種圖表或數據的追蹤，都非常方便。

使用到的 Browser Web API

- **Geolocation API**：可以讓網站取得使用者目前的地理位置，例如經緯度資訊。在本章中，我們會用它來記錄每次情緒輸入時的所在位置。更多介紹請參考 CH4 和 CH5。
- **Audio API**：透過 File API 上傳音檔後，再利用 audio API 處理音檔內容，更多介紹請參考 CH6。
- **File API**：讓網站可以讀取使用者電腦上的檔案，例如文字檔、圖片或表格...等，更多介紹請參考 CH23。
- **IndexedDB API**：提供結構化的本地資料儲存，支援大量資料的寫入與查詢，更多介紹請參考 CH24。

打造自己的情緒追蹤器

結合上述提到的 API，我們會實作以下功能：

- 選擇當下的心情指數
- 輸入備註文字，補充當日的心情
- 可上傳當日照片或語音描述
- 自動記錄經緯度座標
- 儲存並顯示歷史紀錄

畫面分為兩個區塊：上方是用來輸入情緒的表單，下方則是顯示記錄資料的表格。為了讓我們能專注在功能實作上，我已經事先完成了這些區塊的版面配置，以下是最終畫面範例。

圖 29-1　輸入情緒的表單

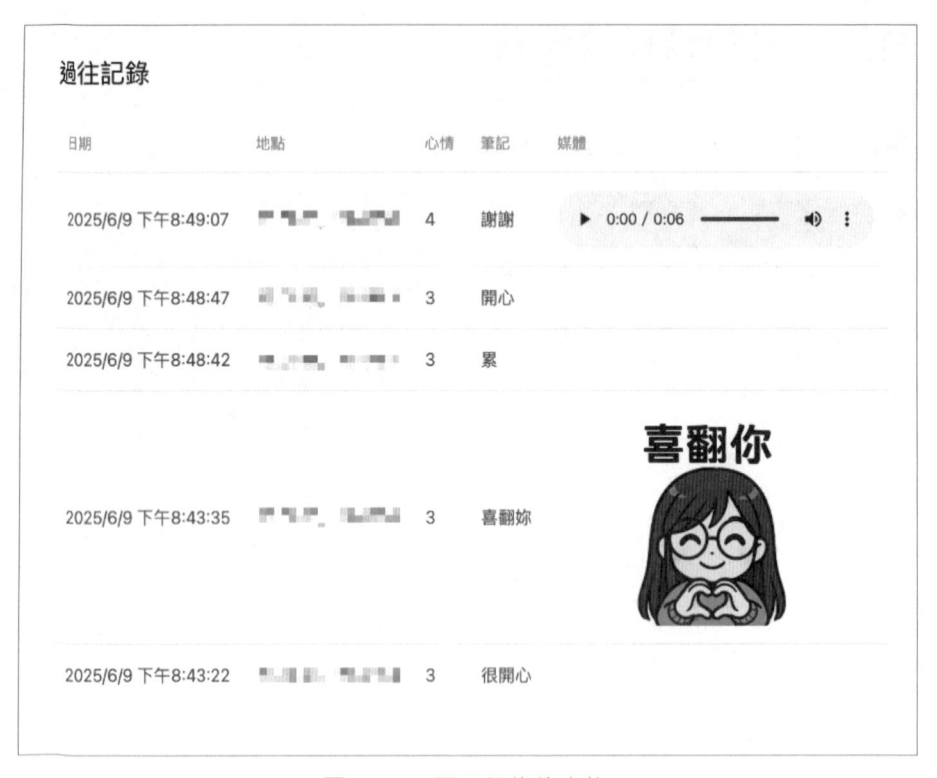

PART 11　Browser Web API 組合技

圖 29-2　顯示紀錄的表格

建立 IndexedDB 資料庫結構

首先建立 moodDB 資料庫，並新增 moodEntries 的物件儲存（Object Store），用來儲存使用者的每一筆情緒資料。最後透過 openDatabase() 函式，可以在後續操作中使用 db 這個資料庫實例進行 CRUD 操作。

程式碼 29-1 ▶▶ 建立資料庫實例

```
01.    const DB_NAME = 'moodDB';
02.    const DB_VERSION = 1;
03.    const STORE_NAME = 'moodEntries';
04.
05.    // 儲存資料庫實例
06.    let db;
```

```
07.
08.    // 開啟 IndexedDB 資料庫，回傳 Promise
09.    function openDatabase() {
10.      return new Promise((resolve, reject) => {
11.        // 嘗試開啟資料庫，如果不存在會自動建立
12.        const request = indexedDB.open(DB_NAME, DB_VERSION);
13.
14.        // 當資料庫版本更新或首次建立時觸發
15.        request.onupgradeneeded = (event) => {
16.          db = event.target.result;
17.          // 檢查是否已存在該 Object Store
18.          if (!db.objectStoreNames.contains(STORE_NAME)) {
19.            // 若不存在則建立，並使用 'id' 作為主鍵，啟用自動遞增
20.            db.createObjectStore(STORE_NAME, { keyPath: 'id', autoIncrement: true });
21.          }
22.        };
23.
24.        // 成功開啟資料庫
25.        request.onsuccess = (event) => {
26.          db = event.target.result;
27.          resolve(db);
28.        };
29.
30.        // 開啟資料庫失敗時觸發
31.        request.onerror = (event) => {
32.          reject(event.target.errorCode);
33.        };
34.      });
35.    }
```

網頁載入時初始化並顯示紀錄

`DOMContentLoaded` 事件會在整個 DOM 結構被完整解析後觸發，此時雖然圖片與其它資源可能尚未載入完畢，但已經可以安全操作 DOM 了。所以我們可以監聽這個事件，確保在網頁結構就緒後初始化 IndexedDB 資料庫，並呼叫 `displayMoodEntries()` 顯示已儲存的資料。

程式碼 29-2 ▶▶ 載入並顯示紀錄

```
01.  document.addEventListener('DOMContentLoaded', () => {
02.    // 等待資料庫開啟完成
03.    openDatabase().then(() => {
04.      // 資料庫成功開啟後，顯示已儲存的情緒紀錄
05.      displayMoodEntries();
06.    });
07.  });
```

取得使用者當前位置

我希望在紀錄情緒的同時，可以順便紀錄地點，回顧時就能知道是在何地、何時、有何種感受。這邊使用 Geolocation API 擷取經緯度資訊，但記得我們之前提過，如果要取得使用者的所在地，是需要主動授權的，所以假設使用者未授權或裝置不支援，我們會回傳 `null`。

程式碼 29-3 ▶▶ 取得使用者當前位置

```
01.  function getCurrentLocation() {
02.    return new Promise((resolve, reject) => {
03.      // 若瀏覽器不支援 Geolocation，直接回傳 null
04.      if (!navigator.geolocation) {
05.        resolve(null);
06.        return;
07.      }
08.
09.      // 呼叫 getCurrentPosition，嘗試取得位置
10.      navigator.geolocation.getCurrentPosition(
11.        (position) => {
12.          // 取得緯度與經度
13.          const { latitude, longitude } = position.coords;
14.          resolve({ latitude, longitude });
15.        },
16.        (error) => {
17.          // 若使用者拒絕授權或逾時，也回傳 null
18.          resolve(null);
19.        },
20.        {
```

```
21.        enableHighAccuracy: true,
22.        timeout: 5000,
23.        maximumAge: 0
24.      }
25.    );
26.  });
27. }
```

讀取使用者上傳的檔案

不管是照片還是音檔，我們都會把它轉成 Data URL，為的是方便在網頁上預覽以及儲存於資料庫中。

程式碼 29-4 ▶▶ 讀取使用者上傳的檔案

```
01. function readFileAsDataURL(file) {
02.   return new Promise((resolve, reject) => {
03.     // 若未提供檔案，回傳 null
04.     if (!file) {
05.       resolve(null);
06.       return;
07.     }
08.
09.     // 建立 FileReader 實例來讀取檔案
10.     const reader = new FileReader();
11.
12.     // 成功讀取後，透過 onload 回傳 base64 字串
13.     reader.onload = (event) => resolve(event.target.result);
14.
15.     reader.onerror = (error) => reject(error);
16.
17.     // Data URL 方式讀取檔案內容
18.     reader.readAsDataURL(file);
19.   });
20. }
```

儲存一筆新紀錄

當使用者填完表單並按下「記錄心情」按鈕後，會將所有欄位的內容打包成一筆資料，寫入 IndexedDB。

程式碼 29-5 ▶▶ 儲存紀錄

```
01.   document.getElementById('saveMood').addEventListener('click', async () => {
02.     const mood = document.querySelector('input[name="mood"]:checked').value;
03.     const notes = document.getElementById('notes').value;
04.     const mediaFile = document.getElementById('mediaUpload').files[0];
05.     const location = await getCurrentLocation();
06.
07.     // 讀取媒體檔案為 base64 字串
08.     const mediaDataURL = await readFileAsDataURL(mediaFile);
09.
10.     // 開啟 IndexedDB 寫入交易
11.     const transaction = db.transaction([STORE_NAME], 'readwrite');
12.     const store = transaction.objectStore(STORE_NAME);
13.
14.     // 建立新的資料項目
15.     const entry = {
16.       mood: parseInt(mood),
17.       notes: notes,
18.       timestamp: new Date().toISOString(),
19.       location: location,
20.       media: mediaDataURL || null,
21.       mediaType: mediaFile ? mediaFile.type : null
22.     };
23.
24.     // 將資料寫入 IndexedDB
25.     const request = store.add(entry);
26.
27.     // 成功儲存後清空表單與更新畫面
28.     request.onsuccess = () => {
29.       document.querySelector('input[name="mood"]:checked').value = 3;
30.       document.getElementById('notes').value = '';
31.       document.getElementById('mediaUpload').value = '';
```

```
32.       displayMoodEntries();
33.     };
34.
35.     // 若儲存失敗,顯示錯誤訊息
36.     request.onerror = (event) => {
37.       console.error('Error saving mood entry:', event.target.errorCode);
38.     };
39.   });
```

顯示所有紀錄

最後是從 IndexedDB 中讀取所有的情緒紀錄,並用表格顯示資料,包含日期、地點經緯度、當下的心情分數、備註與照片等。

在程式碼 29-6 第 8 行,使用 `openCursor()` 搭配 `readonly` 交易,從 IndexedDB 讀取所有的紀錄,再以倒序排列顯示在網頁上。

此外也有針對圖片或音檔做類型判斷,如果是音檔就使用 `<audio />` 嵌入,請參考第六章 Audio API 的介紹。

程式碼 29-6 ▶▶ 顯示所有紀錄

```
01. function displayMoodEntries() {
02.   const entriesBody = document.getElementById('entriesBody');
03.   entriesBody.innerHTML = '';
04.
05.   // 開啟唯讀交易並取得物件儲存區
06.   const transaction = db.transaction([STORE_NAME], 'readonly');
07.   const store = transaction.objectStore(STORE_NAME);
08.   const request = store.openCursor(null, 'prev');
      // 以時間倒序方式讀取資料
09.
10.   request.onsuccess = (event) => {
11.     const cursor = event.target.result;
12.     if (cursor) {
13.       const entry = cursor.value;
14.       const row = document.createElement('tr');
15.       const date = new Date(entry.timestamp).toLocaleString();
```

```
16.
17.        // 根據媒體類型產生對應 HTML：圖片或音訊
18.        let mediaHTML = '';
19.        if (entry.media) {
20.            if (entry.mediaType && entry.mediaType.startsWith
    ('image/')) {
21.                mediaHTML = `<img src="${entry.media}" style="max-
    width: 200px; max-height: 200px;">`;
22.            } else if (entry.mediaType && entry.mediaType.startsWith
    ('audio/')) {
23.                mediaHTML = `<audio controls src="${entry.media}">
    </audio>`;
24.            }
25.        }
26.
27.        // 建立資料列並插入欄位內容
28.        row.innerHTML = `
29.            <td>${date}</td>
30.            <td>${entry.location ? `${entry.location.latitude.
    toFixed(4)}, ${entry.location.longitude.toFixed(4)}` : '無'}
    </td>
31.            <td>${entry.mood}</td>
32.            <td>${entry.notes || '無'}</td>
33.            <td>${mediaHTML}</td>
34.        `;
35.        entriesBody.appendChild(row);
36.        cursor.continue(); // 繼續讀取下一筆資料
37.    } else if (entriesBody.children.length === 0) {
38.        // 若完全沒有資料，顯示預設提示
39.        const noDataRow = document.createElement('tr');
40.        noDataRow.innerHTML = '<td colspan="5">目前沒有記錄，開始記
    錄您的心情吧！</td>';
41.        entriesBody.appendChild(noDataRow);
42.    }
43. };
44.
45. request.onerror = (event) => {
46.    console.error('Error reading mood entries:', event.target.
    errorCode);
47. };
48. }
```

什麼是 openCursor()？

在 IndexdeDB 中，`openCursor()` 用來逐筆讀取資料，它與 `getAll()`（一次取得全部資料）不同，`openCursor()` 可以邊讀邊處理，也能根據條件篩選。例如我們可以設定排序的方向與條件，一筆一筆的回傳資料：

```
// 預設按 key 遞增排序
const request = store.openCursor();
```

也可以依照 key 遞減排序

```
// 反向讀取，依 key 遞減順序呈現
store.openCursor(null, 'prev');
```

這讓就能快速做出最新資料在上方的效果。

線上範例

https://mukiwu.github.io/web-api-demo/mood-tracker.html

常見問題

Q 要怎麼知道 IndexedDB 有沒有成功寫入資料？

A 首先確認 transaction 類型為 `readwrite`，再檢查 `store.add()` 是否有觸發 `onsuccess` 或 `onerror`。此外還要記得 `keyPath` 設定

為 id 時不能手動指定 id 值，否則會寫入失敗。

Q 定位功能失敗通常是什麼原因？

A 常見的原因可能是使用 HTTP 而不是 HTTPS，或使用者拒絕權限、裝置不支援 Geolocation 等等。我們可以在發生錯誤時回傳 null，並讓網頁繼續執行下去，這樣就不會因為定位失敗而卡住，此外也可以顯示無法取得位置之類的替代訊息。

Q 上傳的圖片或音訊無法顯示？

A 確認 `<input type="file">` 有設定屬性 `accept="image/*,audio/*"`，並確保用 `FileReader.readAsDataURL()` 轉為 Base64 格式。此外，還要依 `mediaType` 類型渲染對應的 HTML。

本章回顧

- 使用 `indexedDB.open()` 建立本地資料庫並設定儲存空間。
- 使用 `FileReader.readAsDataURL()` 讀取上傳檔案並轉為 Base64。
- 將表單內容寫入 IndexedDB。
- 動態讀取紀錄並更新至畫面中的表格。
- 完成從資料存取、API 串接到資料顯示的完整前端流程。

APPENDIX A

Browser Web API
的比較與選用建議

從 CH3 的索引表可以發現 Browser Web API 的多樣性，也因此會有功能相似，但設計原則與適用場景不同的 API。

這邊整理了一些較為相似的 Browser Web API，包含相同與相異之處，還有適用的情境建議，希望對大家在選擇時有所幫助。

儲存資料

比較項目	Web Storage API	IndexedDB API
資料類型	字串	可結構化的資料，如物件
容量限制	約 5MB	根據使用者裝置的可用空間作為判斷依據，通常在數百 MB 到數 GB 不等
同步性	同步	非同步操作
適用情境	儲存簡單的設定或登入狀態	可儲存複雜的資料，或作為離線資料庫使用

檔案上傳

比較項目	File API	File System Access API
存取範圍	使用者上傳的檔案	本機檔案系統，需使用者明確授權
瀏覽器相容	各主流瀏覽器皆支援	Chromium 有支援，但 Safari / Firefox 尚未支援或支援有限
適用情境	上傳圖片、文件	編輯、保存本機檔案

通訊

比較項目	WebSocket API	Server-Sent Events（SSE）
通訊	雙向（client ↔ server）	單向（server → client）
傳輸協定	`ws` 或 `wss`	基於 HTTP（支援 HTTP/2）
瀏覽器相容	各主流瀏覽器皆支援	各主流瀏覽器皆支援
適用情境	聊天室、協作工具、遊戲	新聞推播、即時通知、資料流更新

> 若伺服器架構不支援 WebSocket（如部分企業防火牆），可以考慮使用 SSE 作為替代方案。

擷取裝置的影像或聲音

當我們想從使用者的裝置中取得聲音或影像時，可能會看到兩個類似的 API，它們都可以產生 MediaStream，可是用途跟取得的來源不太一樣。

比較項目	Screen Capture API	Media Capture and Streams API
呼叫方法	`getDisplayMedia()`	`getUserMedia()`
捕捉對象	使用者畫面、瀏覽器的分頁、應用程式的視窗	攝影機、麥克風
瀏覽器相容	各主流瀏覽器皆支援	各主流瀏覽器皆支援
適用情境	螢幕錄製、簡報共用、線上教學	視訊通話、影片拍攝

語音互動

Web Speech API 的兩大功能分別為語音辨識和語音合成，它們雖然都跟語音互動有關，但用途和操作方式不同，一開始使用容易混淆，可以特別注意。

比較項目	SpeechRecognition API	SpeechSynthesiss API
功能	語音轉文字（語音輸入）	文字轉語音（語音輸出播放）
呼叫方法	`new SpeechRecognition()`	`window.speechSynthesis.speak()`
音訊來源	使用者的麥克風	瀏覽器內建語音
適用情境	語音搜尋、語音表單輸入	朗讀功能、AI 對話回應

APPENDIX B

值得注意與追蹤的
實驗性 Browser
Web API

APPENDIX 附錄

許多仍在實驗階段的 Browser Web API 已經可以在 Chromium 或特定平台上試用，有的專注效能優化，有的繼續增強使用者體驗，有的則擴展 Web 在檔案處理、感測器存取、使用者輸入等功能。

雖然這些實驗性的 Browser Web API 還無法真的應用在正式環境上，但依然有一些值得我們注意的部分，以下與大家分享我自己有興趣也持續在注意的實驗性 Browser Web API。

File System Access API

在附錄 A 有拿 File System Access 與 File API 做比較，它是建立在 File API 之上，除了提供檔案讀取功能外，還增加了新的 API 接口，例如支援編輯檔案功能。

這個 API 最大的突破是讓 Web 端可以直接與使用者本機的檔案系統互動，不再只能透過 `<input type="file">` 上傳檔案或使用 Blob 處理暫存資料。它提供的 `showOpenFilePicker()`、`showSaveFilePicker()` 和 `showDirectoryPicker()` 讓使用者可以從網頁中選擇要開啟的檔案或資料夾，並進行讀寫操作。

也就是說，當使用者選擇檔案後，我們不僅能讀取檔案內容，還能透過網站回寫檔案。對於像是線上程式碼編輯器、圖片編輯器、文字工具等功能而言，提供了更好的操作體驗。

對於以桌面裝置為主要應用的 Web APP 來說，這個 API 是非常值得注意的。

EyeDropper API

EyeDropper API 讓網頁可以呼叫瀏覽器內建的滴管工具，讓使用者在畫面上選取任意像素的顏色。這樣的功能過去只能透過 `<canvas>` 手動擷取像素或借助第三方套件實作，現在可以透過 EyeDropper API 直接做到。

這項 API 的核心是 `new EyeDropper().open()` 方法，呼叫後會觸發原生 UI，允許使用者在螢幕上點選顏色。點選完成後，回傳的結果是一個包含 sRGBHex 值的物件，開發者可以直接用來更新樣式、表單值或儲存顏色選擇記錄。

圖 B-1　可以直接選擇螢幕的顏色

目前支援這項 API 的瀏覽器以 Chromium 為主（Chrome、Edge 等），Safari 和 Firefox 尚未實作。但它的實作成本低，還能減少使用第三方工具，我還蠻期待這個 API 正式發佈的一天。

Compute Pressure API

Compute Pressure API 能讓網站取得裝置的效能狀態，例如 CPU 使用線、電力消耗或系統壓力，以便根據系統資源使用情況，自動調整網頁應用的效能表現或行為策略。

此 API 提供一個 `ComputePressureObserver`，能夠訂閱裝置的壓力等級變化。當系統偵測到效能變化時，會透過 `callback` 回傳一個包含 `state`（例如 `"nominal"`、`"fair"`、`"serious"`、`"critical"`）的物件，讓開發者根據情況調整應用行為。

```
const observer = new ComputePressureObserver((records) => {
  for (const record of records) {
    console.log('目前負載狀態：', record.cpuUtilization, record.cpuSpeed);
    // 根據狀態切換畫質或關閉動畫
  }
});

observer.observe('cpu');
```

Compute Pressure API 涉及到取得使用者裝置指紋辨識的風險，所以瀏覽器的設定相對嚴格，除了要在 HTTPS 環境中使用外，還需配合特定瀏覽器 flag 才能啟用。目前僅 Chromium 部分版本支援，Safari 與 Firefox 尚未確定是否使用。

HTML Sanitizer API

這也是我非常期待的功能之一，它可以讓我們安全的處理使用者輸入的 HTML 內容，防止跨站腳本攻擊（XSS）或惡意標籤注入，以往我們要使用第三方函式庫，如 DOMPurify 才能做到，現在瀏覽器終於要提供原生解決方案了。

簡單來說，HTML Sanitizer API 的功能就是把一段不信任的 HTML 丟進去，它會幫你過濾掉危險的標籤、屬性或事件處理器，只保留安全內容。

基本的使用方式如下：

```
const dirtyHTML = `<img src=x onerror=alert(1)>Hello <b>world</b>`;
const clean = sanitizer.sanitizeFor('div', dirtyHTML);
document.getElementById('output').innerHTML = clean;
```

sanitizer 是透過 new Sanitizer() 建立的原生物件，能根據瀏覽器的安全策略自動移除 script、on* 屬性、JavaScript URL 等潛在風險內容。

我們還能自訂允許的標籤與屬性：

```
const config = {
  allowedElements: ['b', 'i', 'u', 'a'],
  allowedAttributes: {
    'a': ['href']
  }
};
const sanitizer = new Sanitizer(config);
```

這樣的寫法易讀好懂，可以讓我們根據需求做出類似白名單控管的工具，非常的方便。

未來不管是留言區、聊天室、Markdown 預覽器，凡是會渲染使用者輸入內容的功能，都能使用這個 API，期待它早日成為瀏覽器的標準配備，讓前端開發的安全性更加穩固。

Note

Note

Note

博碩文化

博碩文化